地図趣味。

杉浦貴美子

taste of maps

Kimiko Sugiura

洋 泉 社

まえがき

地図が気になってしょうがない。なぜだか惹かれてしまう。地図の引力に引き寄せられること10年余、自分はいったい地図のどこに魅力を感じているのだろう？　とこのたび、じっくり向き合ってみることにしました。

地図を好きになったきっかけは、博物館で「地質図」に出会ったことからでした。華やかな色が散りばめられた地質図はまるで精緻な絵画のようで、思わず釘付けに。複雑な情報がきちんと整理され、且つ美しい。工芸品のような機能美を持つ地図に心をぐっと掴まれてしまったのです。

そもそも地図とは、と辞書を引くと「地表の諸物体・現象を、一定の約束に従って縮尺し、記号・文字を用いて平面上に表現した図」（広辞苑第六版）と定義されています。私が最初に惹かれたのは、その

〝表現した図〟の表層が持つ美しさでしたが、数多の地図を見るほどに視点が細かくなり、〝記号〟や〝文字〟などのパーツにも興味を抱くようになっていきます。

なかでも特に惹かれたのは記号でした。たとえば、実際には道に引かれていない等高線や、敷地内いっぱいに描かれているわけではないお寺のマーク。実は、地図に描かれている記号は、辞書にある通り〝約束〟でしかなくて、現実の空間には存在していないのだと実感した時、世界がぐるっと反転したかのような感覚に愕然としたことを、今でも覚えています。

それ以降、現実空間と地図の乖離がなんだか気に掛かって仕方なくなりました。やがて、現実空間に地図記号を持ち込んでみたい。もしくはその逆に、現実空間のリアリティのなさを地図や立体物で表して実感に結びつけたい、と思うようになりました。その思いが、2章や3章で紹介する地図や地形菓子をつくるきっかけとなったのです。

どうやら私が地図に感じる魅力の糸口はこのあたりにありそうで、そうした偏った興味からなるこの本は実用書にはまったく成り得そうもありません。ただ地図にはたくさんの解釈ののりしろを引き出すような懐の広さがあり、そんなところもまた魅力のひとつ。私なりの偏愛的視点から、その懐の広い地図の世界を巡ってみたいと思います。

地図趣味。目次

コラム

カバー写真
Geologic Map of the Bonpland H Region of the Moon ／
1971 ／アメリカ地質調査所蔵

本書掲載の陰影段彩図は、国土地理院作成の
「基盤地図情報（5mメッシュ標高）」を
「カシミール３Ｄ（http://www.kashmir3d.com/）」により
加工し作成しました。

1.

偏愛地図コレクション

STRACHAN
QUEBEC
Montreal
BUENOS AYRES
Tatta
Basra
Coblentz
HAMBURG
WARSAW
DRESDEN
Basel
CRACOW
Orleans
Nantes
LISBON
MADRID
Allahabad
ATTOCK
Pest
Presburg
VIENNA
El Bir
Heights of Assuay
Highest growth of Pines in the Torrid Zone
Lake of Titicaca
Riobamba
Quito
Toluca
Ootacamund
Simla

私が地図を好きになったきっかけ。それはまえがきで触れたように、機能的な美しさを持った地質図との出会いからでした。以降、ちまたにある数多の地図がぐっと存在感を増し、気付けばそれまでは地図は必要な時に〝読む〟ものだったのが、必要がなくても〝鑑賞する〟対象になっていました。

そうして鑑賞するうちに、自分が地図に向き合う際の癖のようなものがあることに気付きました。それはまず地図の表層のみを愛でること。地質図の美に触れてからというもの、無意識のうちに絵画の鑑賞作法で地図に接するようになっていたのです。たとえば、その色合いや構成ばかりに気を取られて、それがどこの場所なのかも、何を表すのかも理解しないまま眺め続けることも。読めるはずの日本語の注記までもが意味を持たない抽象的なかたちに見えてくることもありました。

ただ、その表層を愛でるほどに、どういう時代に、どんな目的でつくられたかといった〝機能〟を知らないままでは、地図が持つ本当の魅力にたどり着くことはできないのでは、と思い至りました。そこで気になる地図の背景を探ってみると、そこには興味深い世界が広がっていたのです。

たとえば、科学や宗教、政治など、当時の人々が重点を置いていたことが理解できると、「かわいい、この柄スカートにしたい」なんて思っていた地図が、実は政治的策略の元につくられていたことなどが見えてくる。その落差に驚くこともありました。

また、いくつも見ているうちに「これは地図なのか？　それとも地図ではないのか？」と首をひねるような地図や作品にも巡り会います。それは自分が地図に抱いていたイメージがゆらぐような強烈な出会いでした。

この章では、そうした出会いのなかで特に印象に残った地図（と地図のようなもの）を古今東西ノンジャンルで選びました。私の主観に偏っていることは否めませんが、地図の見方は人の数ぶんだけあったっていいはず。まずは見たままを愛でるところから鑑賞スタートです。

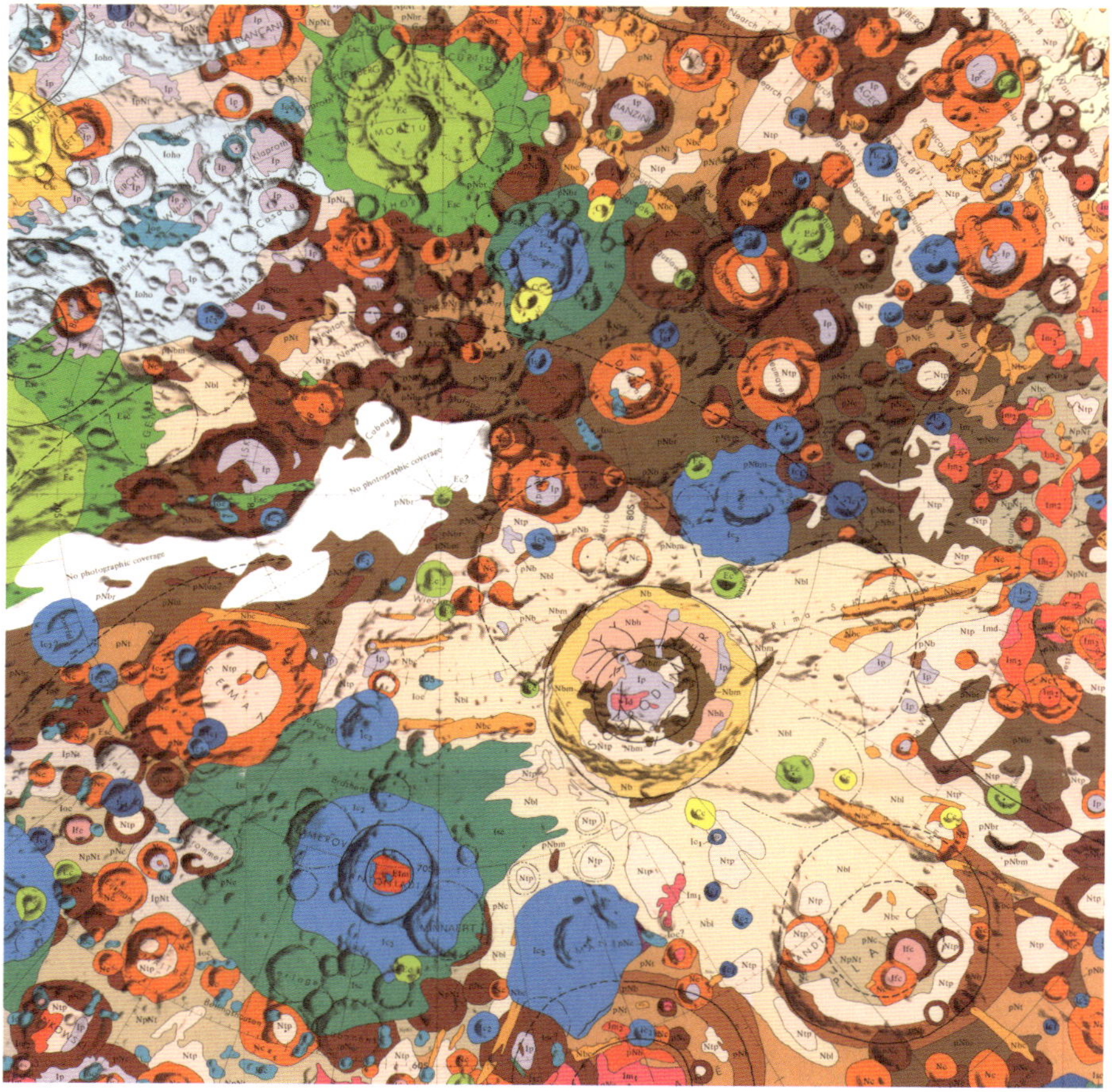

Geologic Map of the South Side of the Moon（部分）／1979／アメリカ地質調査所蔵

まるで色が飛び跳ねているかのような躍動感に圧倒されますが、これは月の地質と地形を表した図です。アポロ11号が月面着陸を果たした後、現地で行った調査結果を表したもの。地質を表す各色に、地面の凹凸が立体的な陰影として重ねられています。もちろんどの色にも地質学上の意味があるのですが、どうしても配色の妙にばかり目がいってしまう……。月から連想する“陰”のイメージから逆に振り切った、陽気な雰囲気が満ちています。

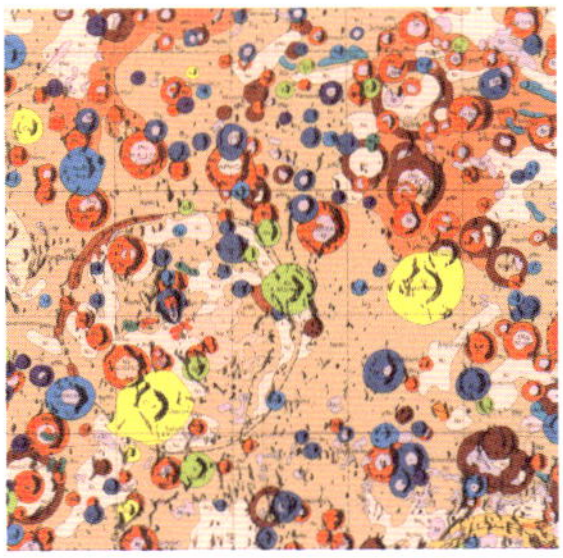

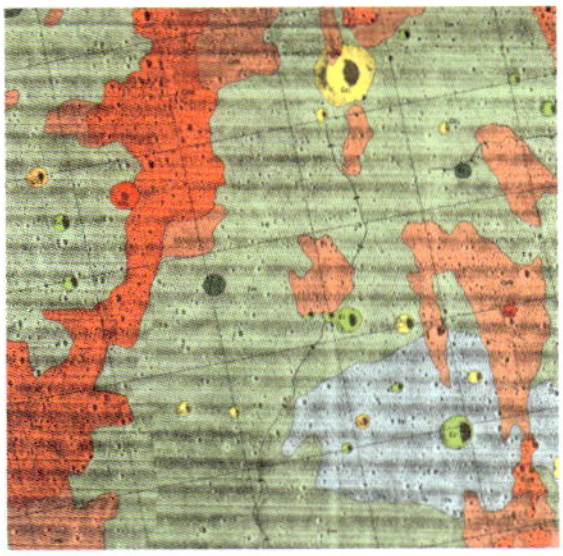

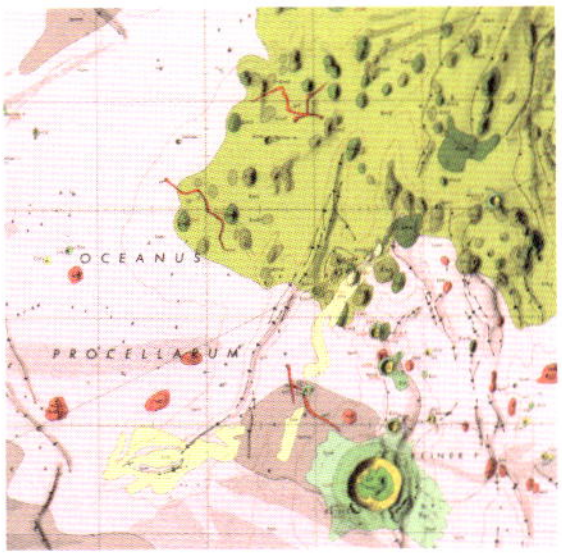

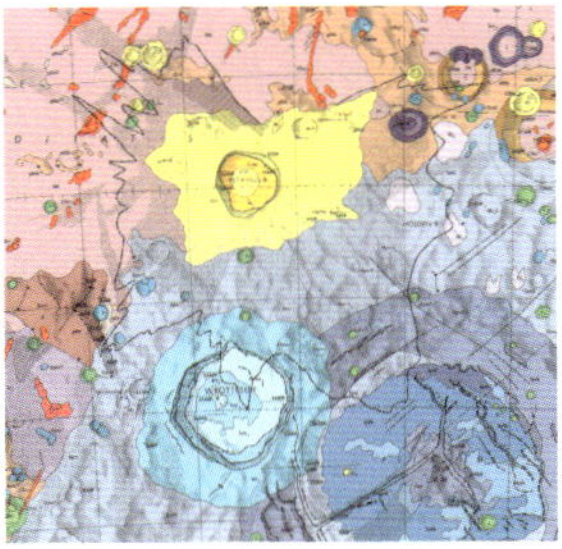

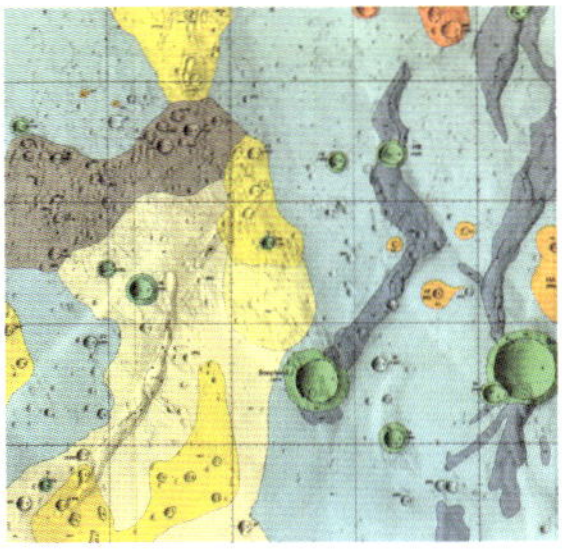

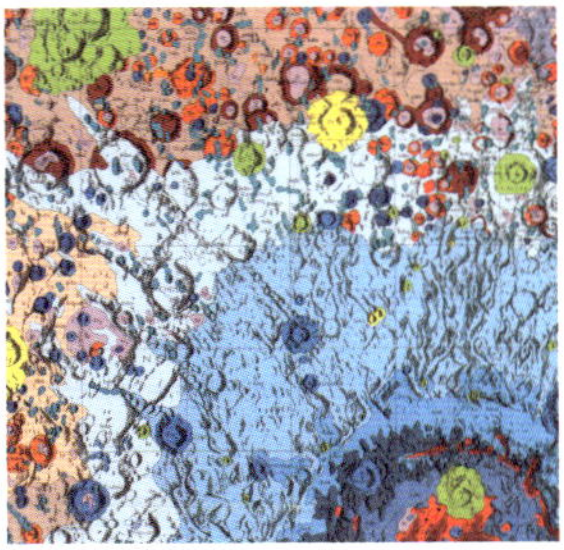

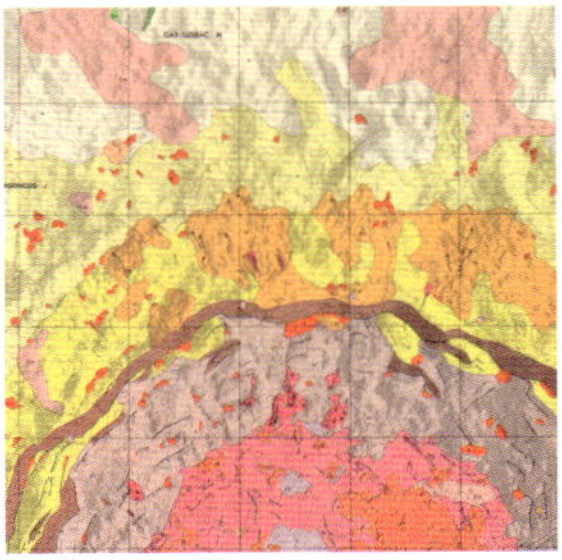

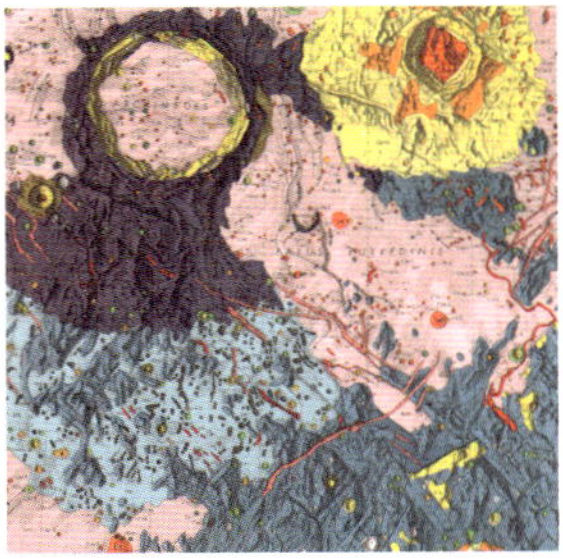

1 Geologic Map of the Central Far Side of the Moon（部分）／ 1978
2 Geologic Map of the Maestlin G Region of the Moon（部分）／ 1969
3 Geologic Map of the Hevelius Region of the Moon（部分）／ 1967
4 Geologic Map of the Petavius Quadrangle of the Moon（部分）／ 1973
5 Geologic Map of the Bonpland H Region of the Moon（部分）／ 1971
6 Geologic Map of the West Side of the Moon（部分）／ 1977
7 Geologic Map of the Crater Copernicus（部分）／ 1975
8 Geologic Map of the East Side of the Moon（部分）／ 1977
9 Geologic Map of the Montes Apenninus Region of the Moon（部分）／ 1966

1	2	3
4	5	6
7	8	9

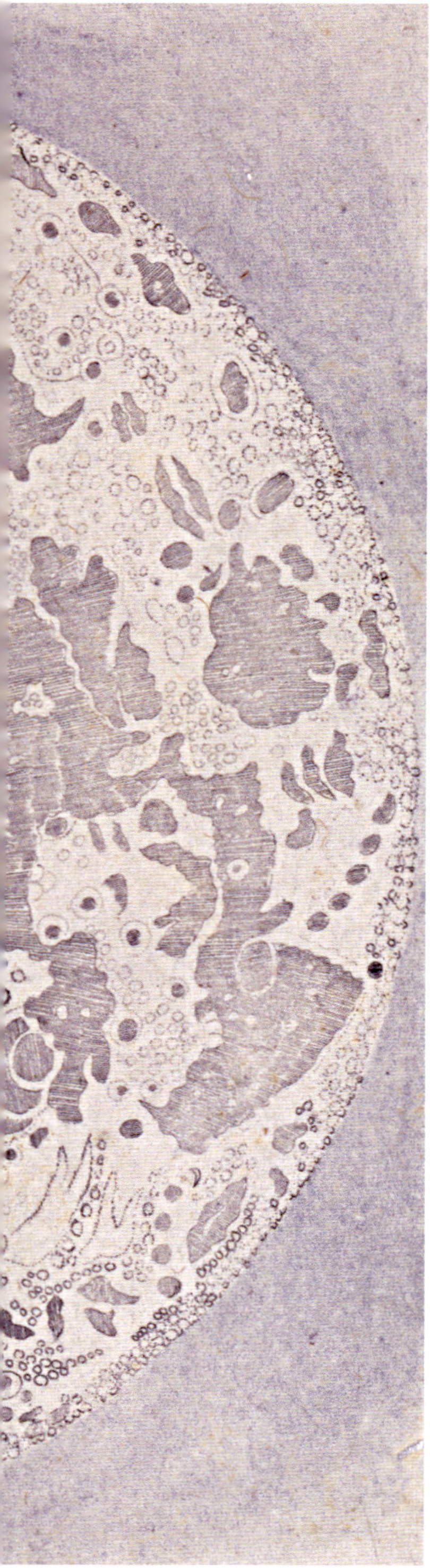

前ページとは対象的な“陰”のイメージそのものの、儚げな月の図です。球体の下方にぺたっと張り付いているヒトデのようなものは、現在の月の図と照らし合わせると、どうやら「ティコ」と名付けられた巨大クレーターのよう。他にも月面の特徴はかなり捉えられていて、当時の天文技術の高さが伺われます。

作者の司馬江漢は日本で初めて銅版画を試した画家。この図も銅版技法の特徴を生かして、月の陰影を克明に描いています。江漢は天文科学に深い関心を持っており、この図はドイツの学者アタナシウス・キルヒャーの『地下世界』に掲載された図版を模写したのではと推測されています。こうした最新の技術、舶来の知識で表したこの図は、当時の人々をどれほど驚かせたのかと、同じ月を見上げては想像してみるのです。

『天球全図』のうち「月輪真形図」／1796／
司馬江漢／神戸市立博物館蔵
Photo : Kobe City Museum ／ DNPartcom

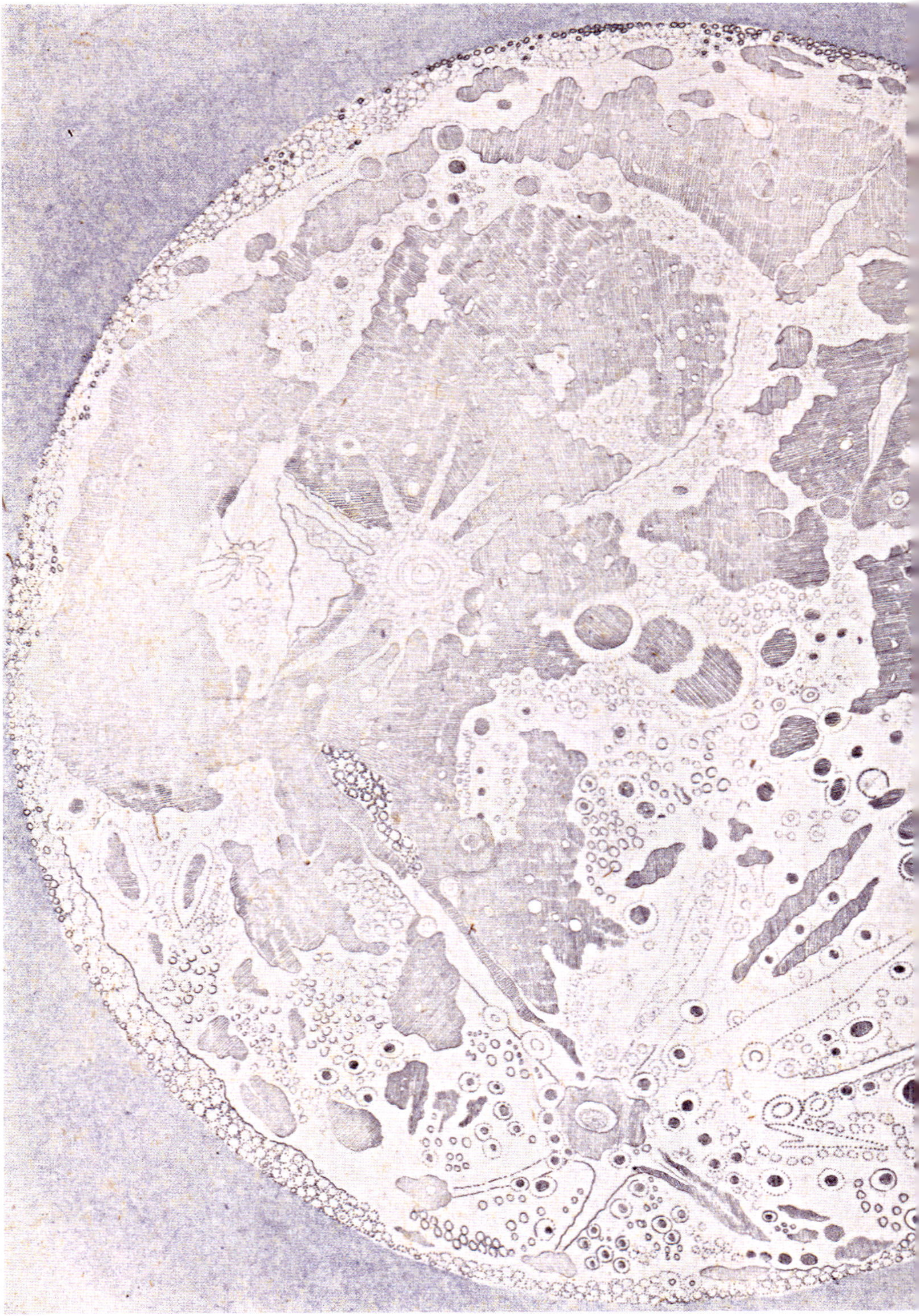

Map of the Crown Prince Islands, Disco Bay, Greenland ／ 1925 ／ Silas Sandgreen ／アメリカ議会図書館蔵

これが地図？　まるで抽象的な絵画のようですが、グリーンランドのディスコ湾を表す地図です。キャンバスを構成するヒョウの皮で海を、そこに括りつけられた流木（黒や茶に見える箇所）で83からなる島や暗礁を表しています。この地図はイヌイットの漁師が自らの観察のみでつくりあげたもの。彼らは吹雪などの過酷な天候のなかでも航海を続け、自分たちのいる場所を把握してきました。そうした生死を賭けて培った観察眼が、この地図に結実しているのです。

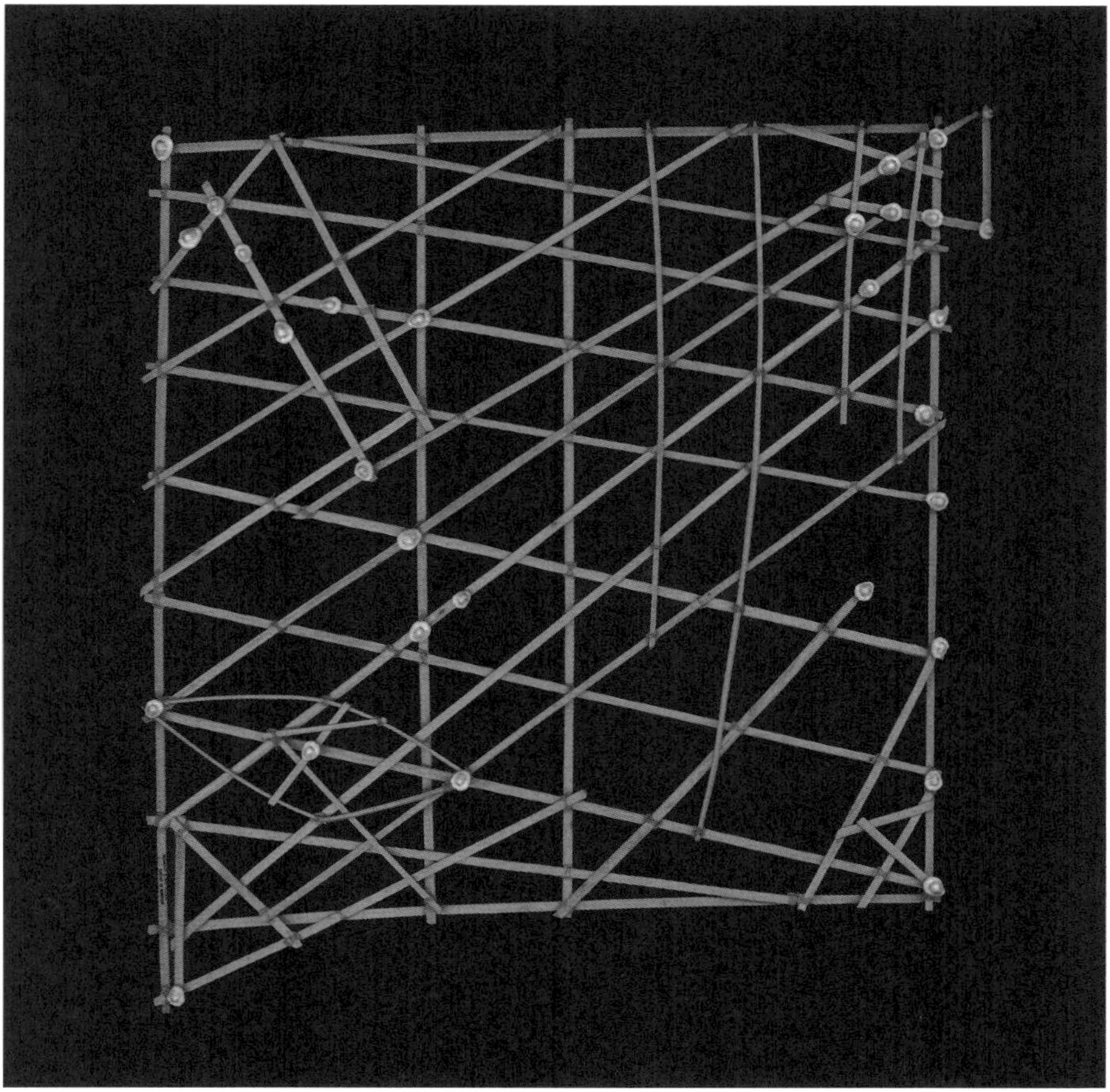

Marshall Islands Stick Chart ／ 1920 ／アメリカ議会図書館蔵

右に同じく、どこが地図なのかと首をかしげたくなりますが、これもミクロネシアのマーシャル諸島に暮らす原住民がつくった海の地図です。椰子ひごに結びつけられた貝や小石が、海流やうねり、島々の位置を示しています。なんと大雑把な！　と思いますが、もっと驚くのはこの地図が航海に出る前の練習用であること。彼らは記憶した星や島の位置だけで、何百 km もの距離を手漕ぎカヌーで移動することができてしまうのです。何なら「次の島までタバコを買いにいく？」くらいの気軽さで出かけていたらしい。文明の利器に頼り切った私たちには計り知れない能力で空間を把握していることが、右の図同様、地図が簡素であるほどに、より一層伝わってきます。

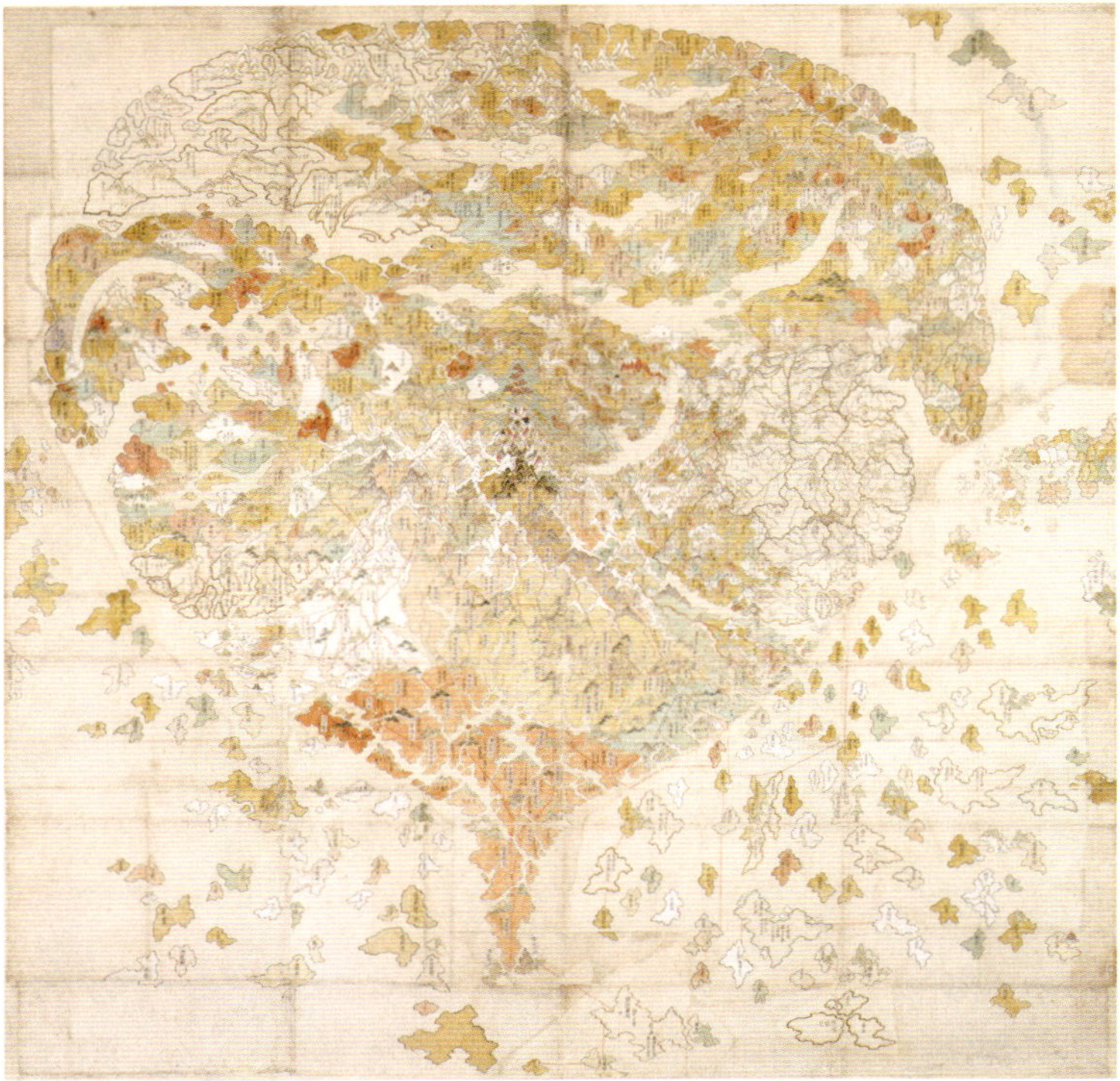

うちわ型仏教系世界図／ 1704-1711 ／神戸市立博物館蔵
Photo : Kobe City Museum ／ DNPartcom

これは世界地図です。といっても「え？　だって、うちわのかたち……」とにわかには信じがたいのですが、世界の全貌が未だ知られていなかった頃、人々は様々なかたちを想像していました。

この図は日本の仏教的世界観によってつくられたもので、古くは14世紀頃から描かれ続けてきた世界の姿。当時は、インド、中国、日本の3国で世界ができていると考えられ、この図もうちわ型のなかにインドと中国、そして右端に日本列島の西半分が描かれています。

ただこの図が描かれた江戸中期は、すでにヨーロッパの存在が知られていた頃。そこで作者はこれまでの世界観を壊さぬよう、「フランス」や「エテレス（イギリス）」と注記された島をうちわの左上にさりげなく追加しています。一見、穏やかな雰囲気のこの地図のなかに、実は宗教と地理学のせめぎ合いが隠されていたのです。

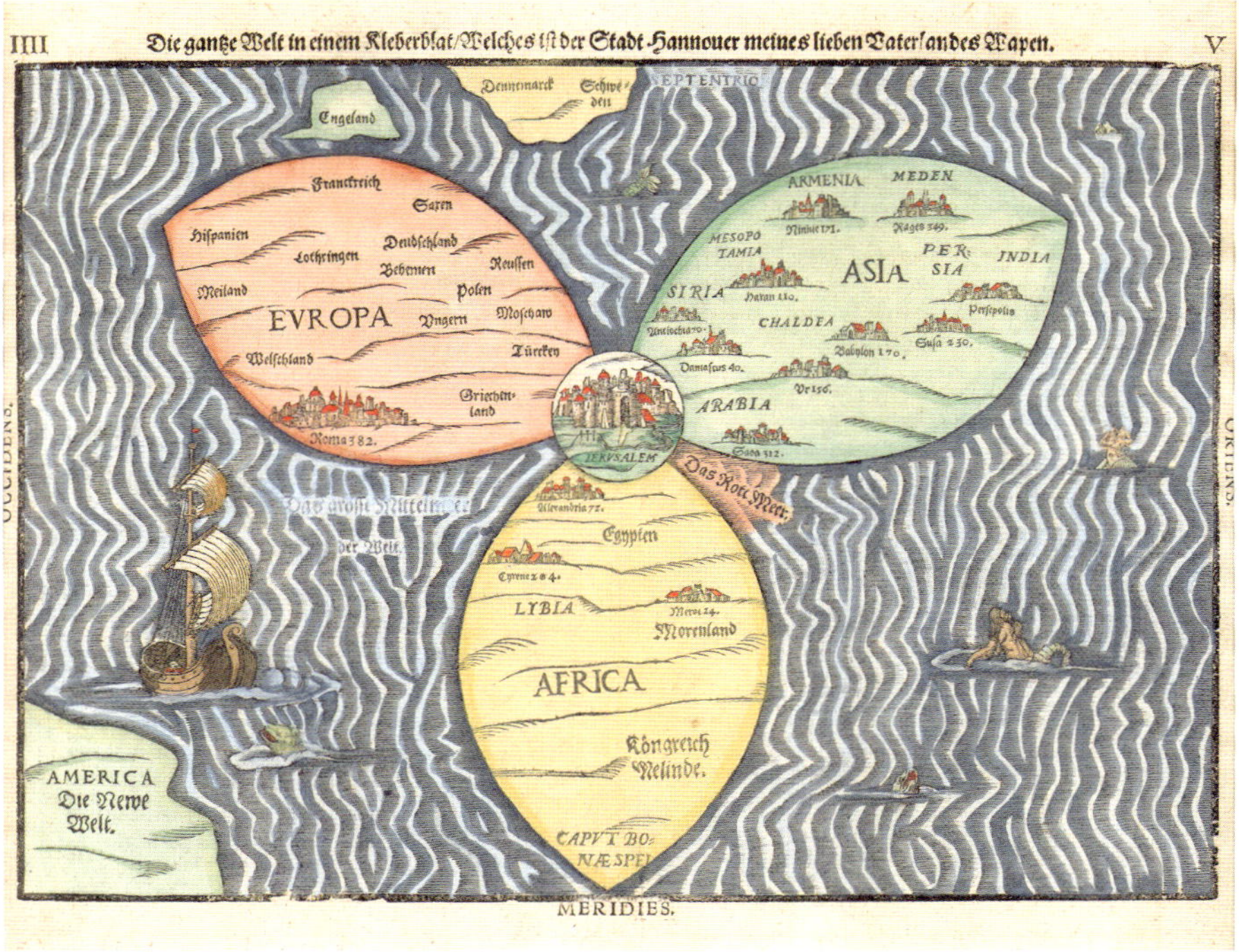

Bünting's Clover Leaf Map ／ 1581 ／ Heinrich Bünting

今度はクローバー！　またしても思い切ったかたちをした世界地図の登場です。左上がヨーロッパ、時計回りにアジア、アフリカ、とざっくり3つに分け、中央はキリスト教の聖地、エルサレムを示しています。

作者は他にも、アジアをペガサスに、ヨーロッパを女王に見立てるなど、数々の独創的な地図を制作したドイツの神学者。よく見ると巨大なワニや船に混じって、おじさんぽい人魚が悩ましげなポーズを取っているように見える。この頃の西洋の地図には、こうした架空の生物が隙あらば登場してきます。

右の世界図と同様に、未だ見知らぬ世界をどう表すか、そして人々にどう見せたいのか。人間の飽くなき想像力が地図からにじみ出ていることに、惹きつけられてやみません。

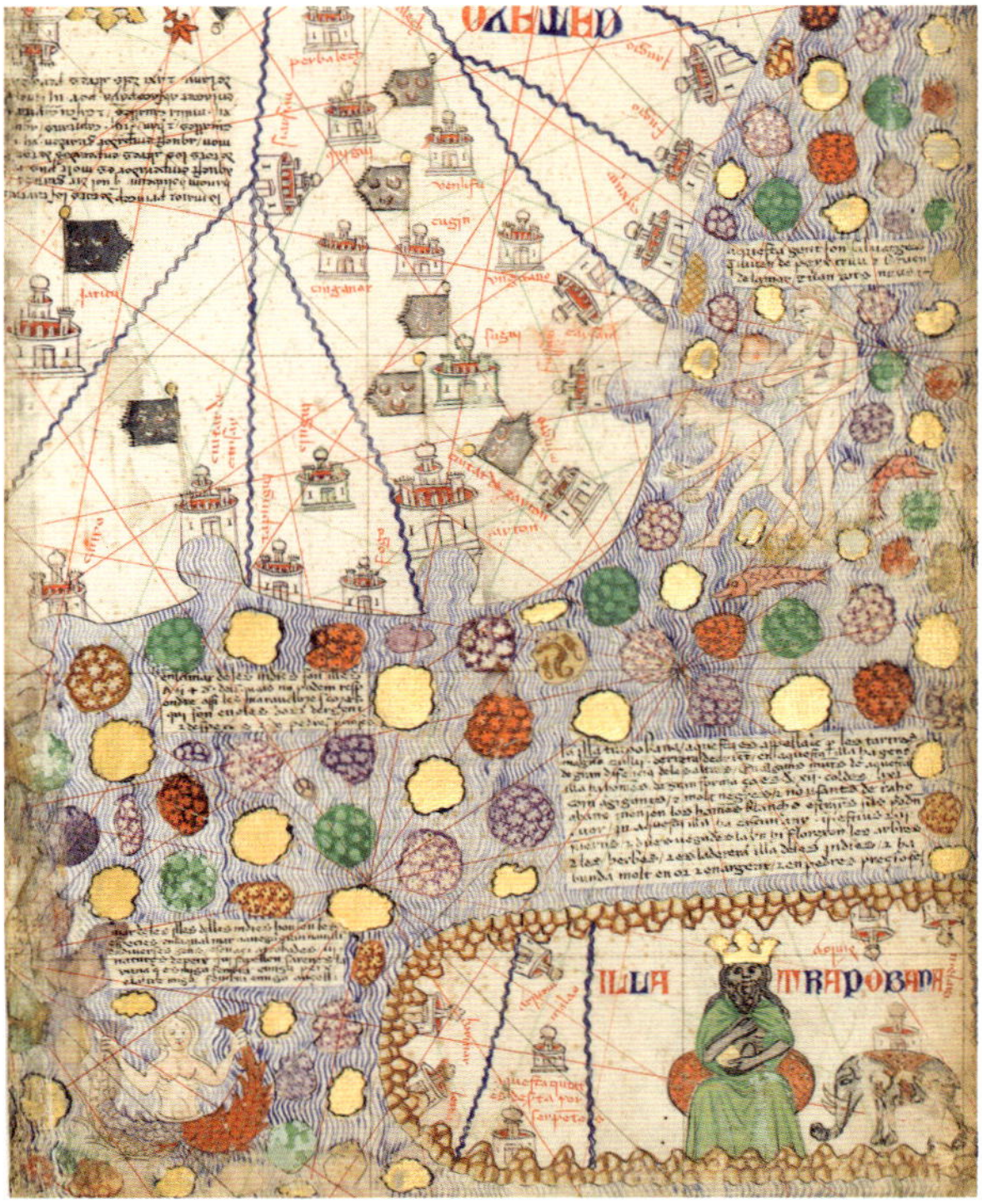

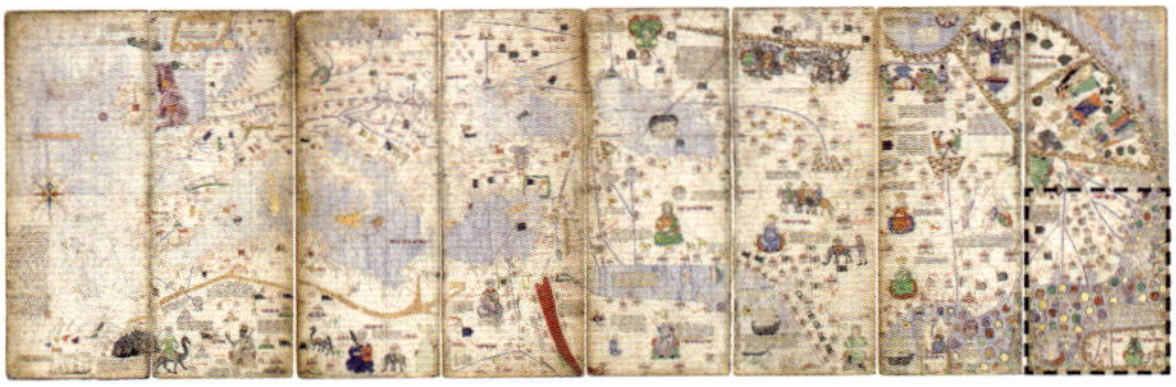

Catalan Atlas ／ 1375 ／ Abraham Cresques

海にいる裸人が丸い玉を捕らえようとしています。一見きらびやかな雰囲気ですが、よく見ると分裂途中の細胞のようにグロテスクに見えたりしてちょっと怖い……。実はこの丸い玉、マルコ・ポーロが見つけた2700の島のイメージを描写したもの。下の全図の一番右にあたる東南部を拡大したら、想像に満ちた世界が広がっていました。

この地図は、マヨルカ（現在のスペイン）に住むユダヤ人が、ポルトガルから中国までを描いたもの。当時のヨーロッパは東方が未知の時代、同じ地図上でも東に進むにつれ想像の領域が広がっていく、そのグラデーションが面白い。次第に大雑把になっていく大陸のかたちや架空の生物の出現に、見ていて飽きることのない地図です。

Peutinger Map／4世紀

2つずつ並んだ家、オレンジ色の道路、波型に縁取られた川。ディテールのひとつひとつが愛らしく、まるでおとぎ話の挿絵のようですが、実はちゃんと使える地図なのです。西はイギリス諸島から東はインドまで、強大なローマ帝国の全貌を表しています。描かれた道や街は、実際の地形や方角とは異なるものの接続関係は正しく、この地図を手にちゃんと目的地にたどり着くことができるのです。幅30cm、長さ6.75m、羊革でできた細長い一枚物で、くるくるっと巻いて腰に差せば携帯もできる優れものの一品。なんと1600年も前につくられた、ルートマップの先駆け的存在です。

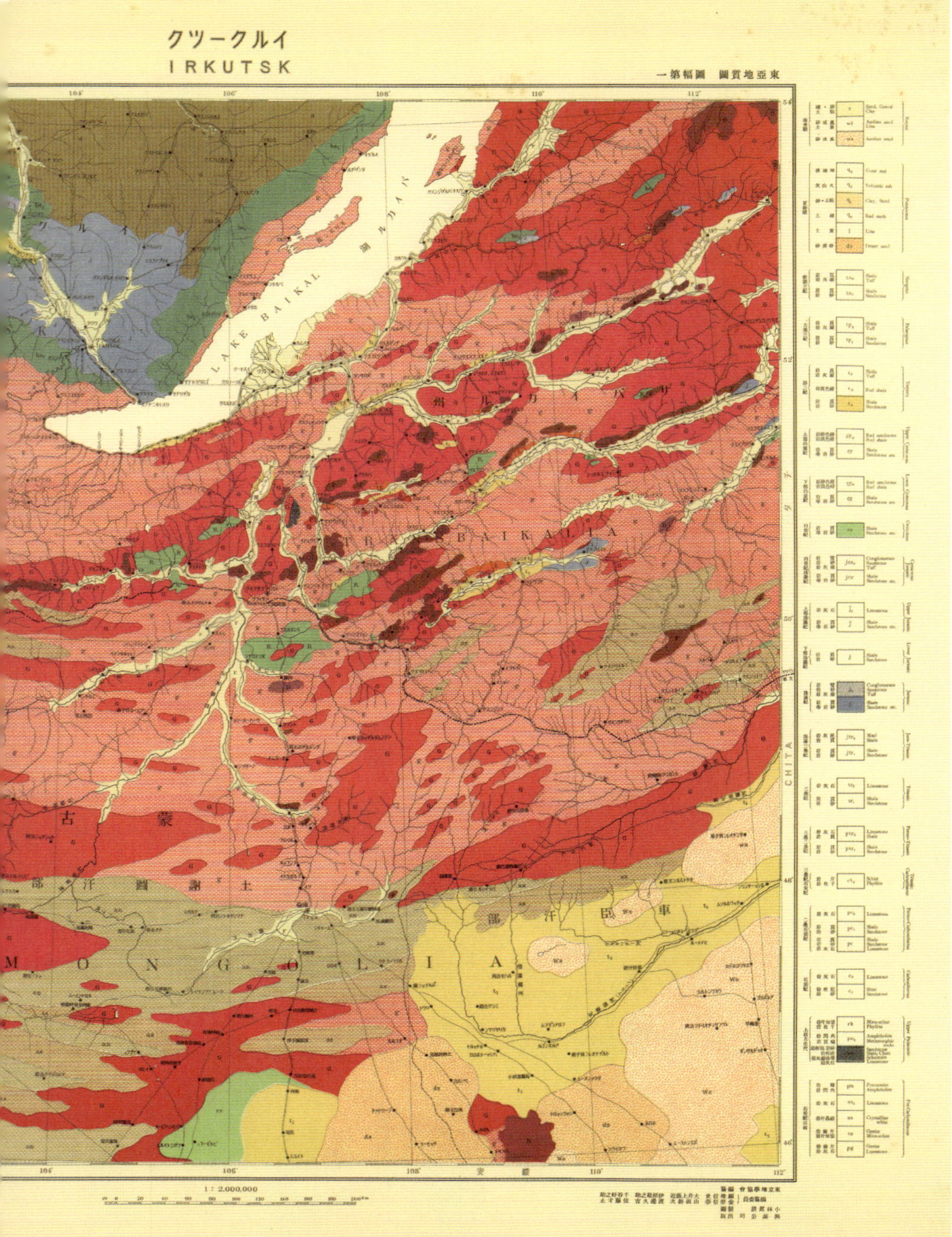

東亜地質図　イルクーツク（原図 : 1/2,000,000）／1929／東京地学協会蔵

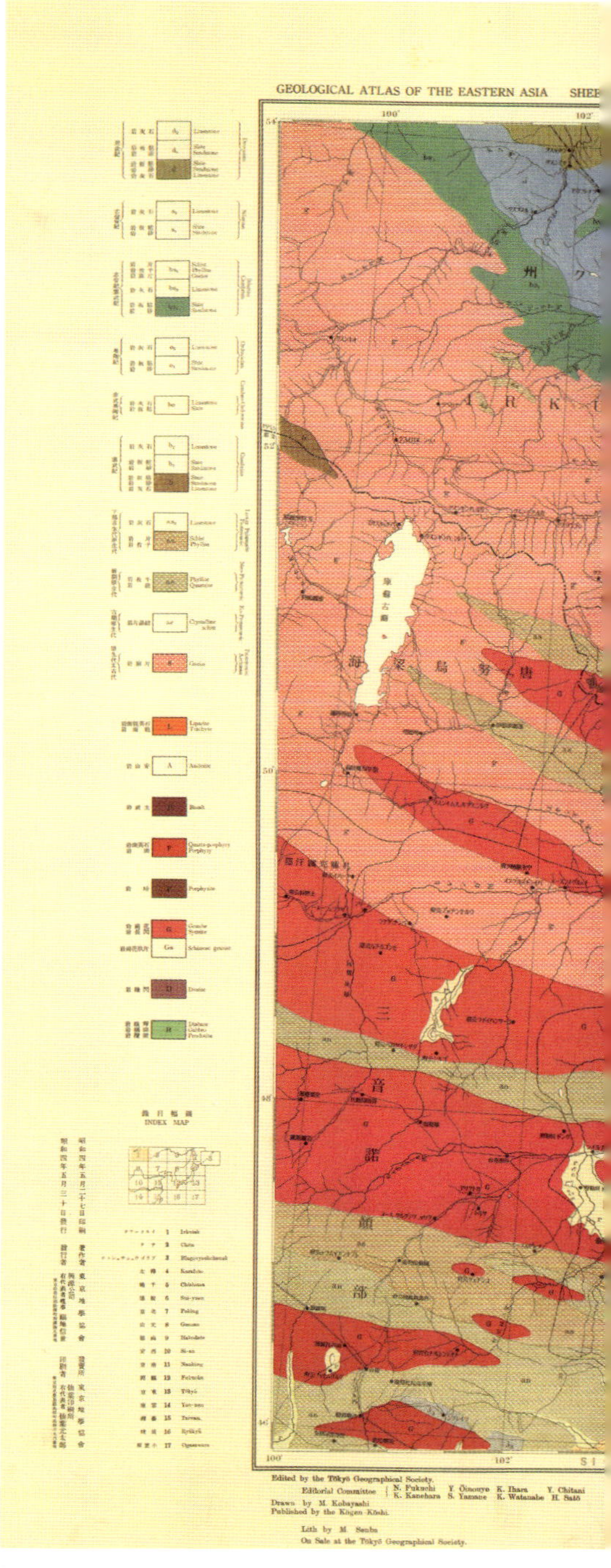

日本で初めて本格的な地質図がつくられたのは1876年のこと。この図はそれから約半世紀後、日本を含む東アジア一帯を調査した「東亜地質図」に収められた、ロシア・イルクーツク地方の地質図です。

花崗岩を表す赤みの強いピンクが目立つなか、小さな格子や水玉など模様の反復でつくられた「地紋」と呼ばれる表現が面に深みを増し、このまま額に入れて飾りたい絵画的な図です。ところどころにある空白は川や湖。地質図という性格上、水がある場所は省かれるのですが、通常は塗られがちな場所だけになんだか一層気になります。

東西蝦夷山川地理取調図　十二（部分）／1860／松浦武四郎／国立国会図書館蔵

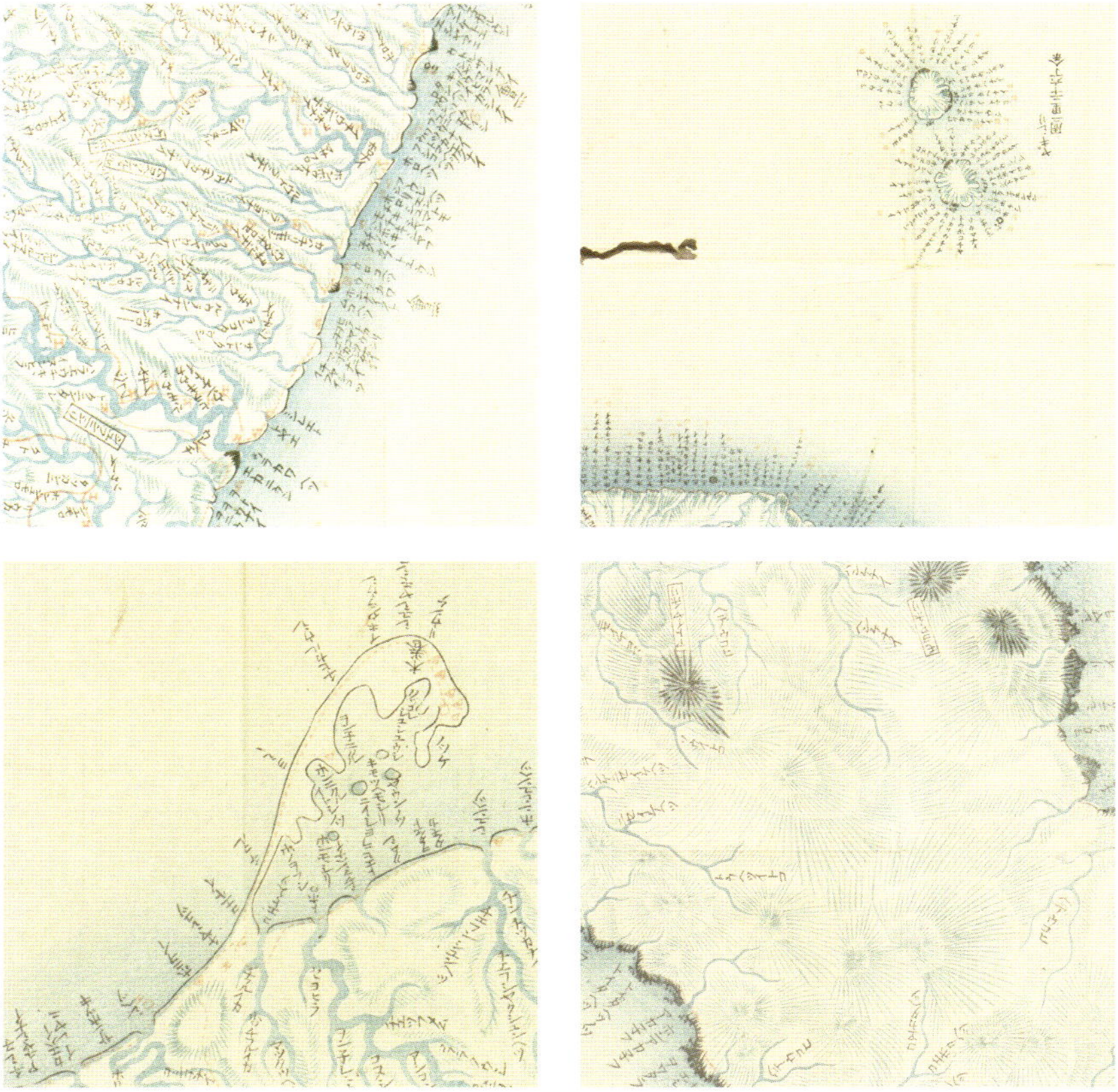

東西蝦夷山川地理取調図 左上 六／右上 十六／左下 十四／右下 二六（いずれも部分）

初めてこの地図に出会った時、山や川のヒダがつくる配置や色合いにばかり気を取られ、カタカナの文字が意味を持たないかたちに見えました。線が織りなす、その構成美に引き込まれてしまったのです。

この地図を描いた松浦武四郎は、北海道の名付け親として名高い幕末の探検家。カタカナで描かれているのはアイヌの地名で、この図は初めて北海道の内地を調査した結果を表したものです。

当時日本に入ってきて間もなかったケバ（等高線に直角に交わるくさび形の線）技法を使って表現された凹凸地形が、制御された色使いのなかで際立っています。また、木版画なのに近くで見てもまるで筆で描いているかのような緻密さに、江戸末期の版画技術の高さにも驚かされます。

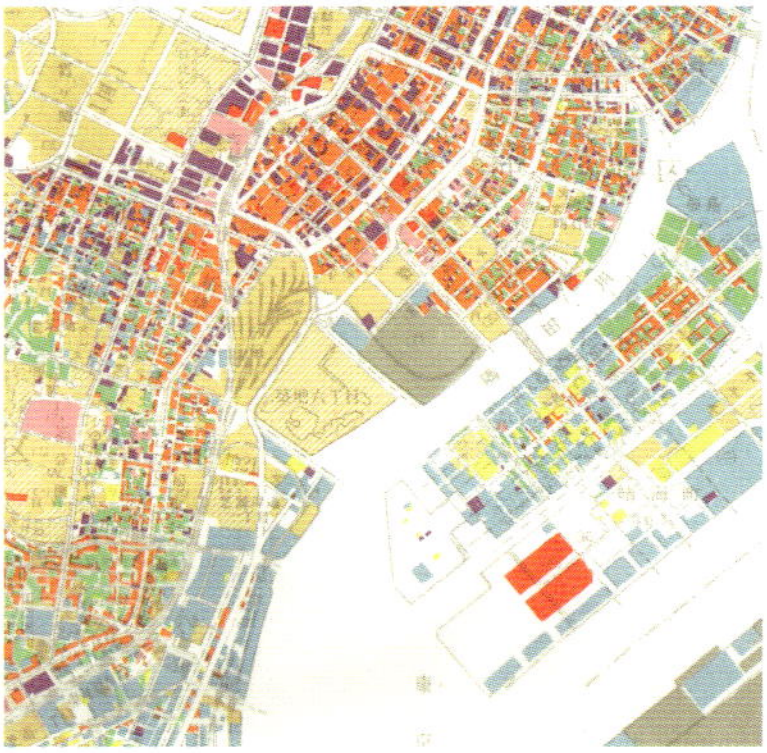

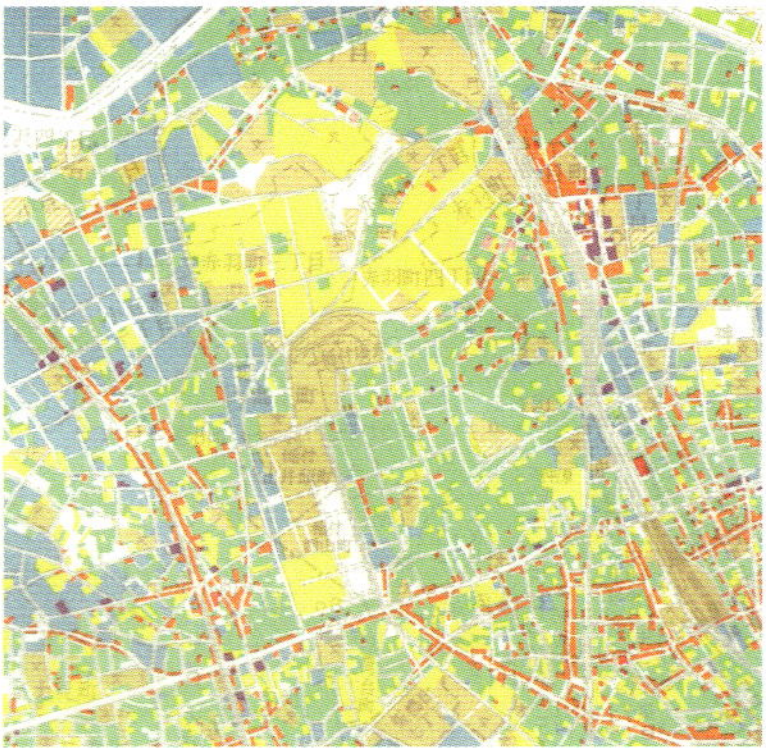

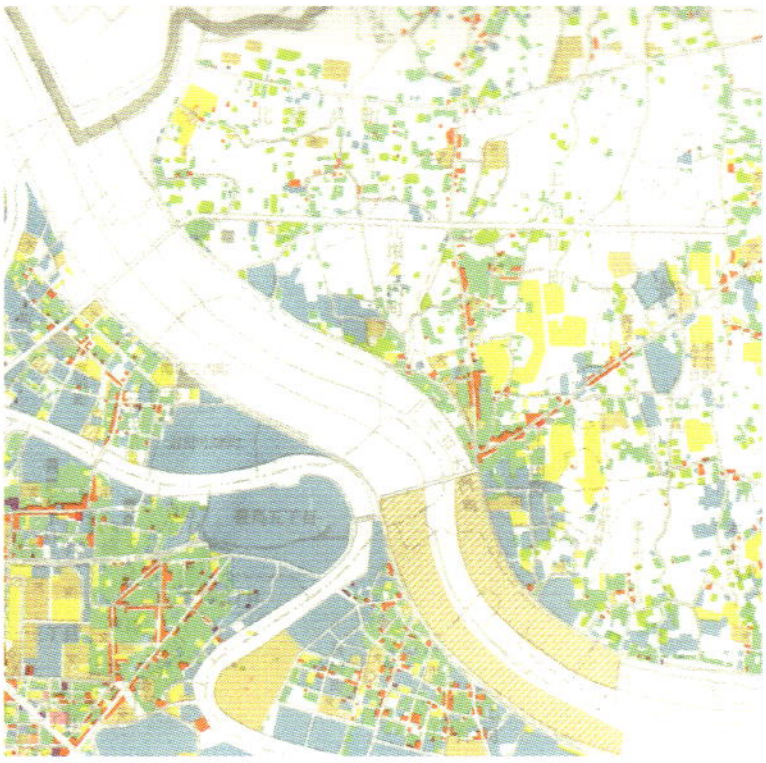

色紙を小さく切ってぱっと散らしたかのよう。「土地利用現況図」という、その語感からも字面からも結び付かないカラフルな地図です。色の違いで土地の利用状況を表すもので、この図の凡例では赤やピンク、紫が商業建築物、緑や黄色が住宅を示しています。この頃は色ごとに版をつくって印刷をおこなっていた時代。目を凝らしてみると版がずれて色が重なり、点描のような味わいを醸し出していました。

東京都土地利用現況図（部分）／1966／東京都首都整備局
日本地図学会機関誌『地図』Vol.5 No.4（1967年）添付地図より

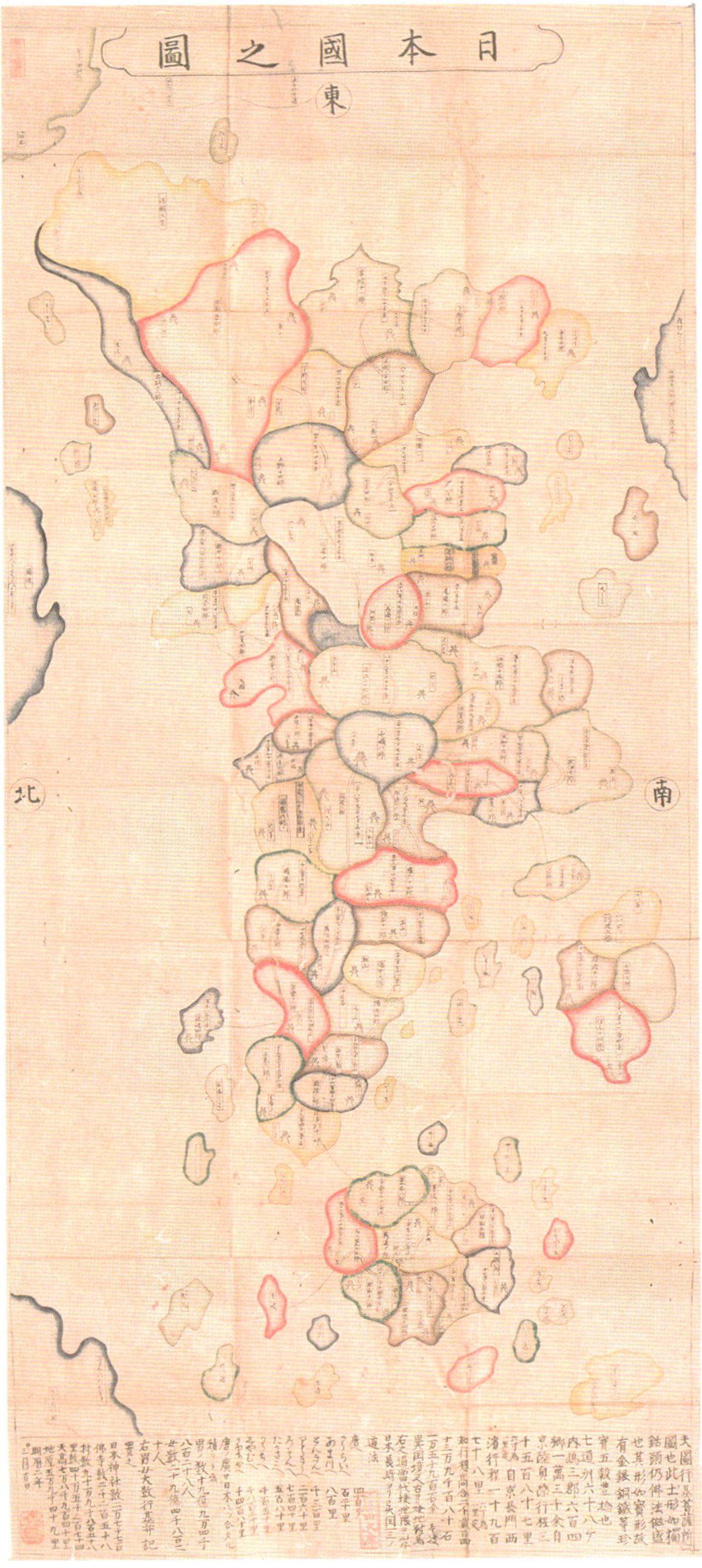

日本國之図／1655／明治大学図書館蘆田文庫蔵

「ふーっとシャボン玉を吹いたら、島がひとつ、またひとつ生まれてきました。ふわふわと浮き上がりながら連結して、日本列島の誕生です」とでも口上を述べたくなるような浮遊感。

なめらかな曲線で囲まれた列島は、頭を左にひねって見ると北海道と東北地方を欠きながらも見覚えのあるかたちが浮かんできます。そう、この地図が描かれた江戸時代初期には、まだ北が上という常識はありませんでした。

この描画形式は「行基図」と呼ばれ、奈良時代の僧、行基がつくったのが発祥とされていますが、実際に描いた図が現存しないため、高名な人の名を騙ったという説も。平安から江戸初期までスタンダードな形式として広く知られてきた日本の姿です。

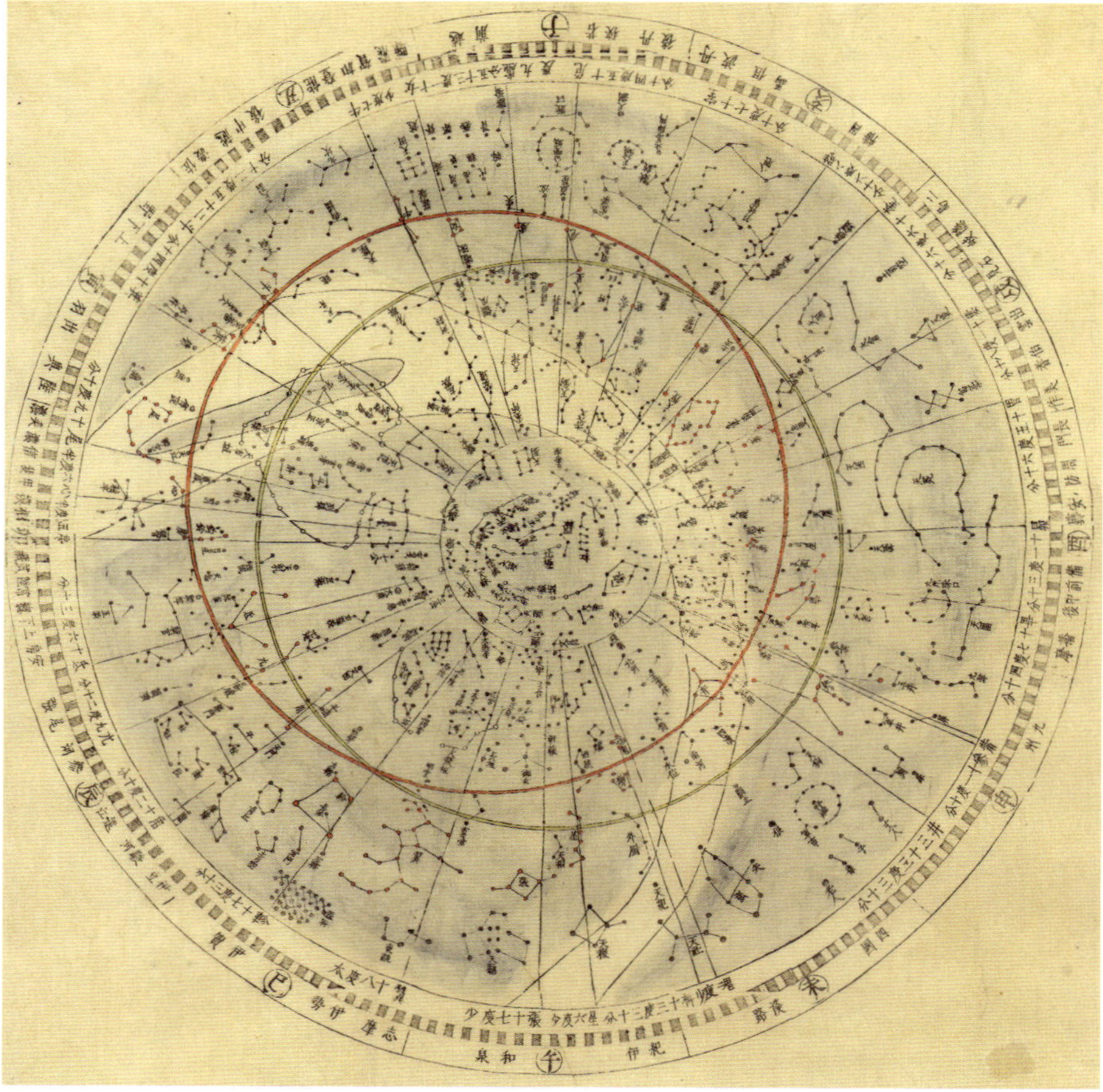

天文分野之図／1677／渋川春海／国立天文台蔵

星と星を結んで、新たな図像と物語を生み出す星座の世界。この天文図は江戸時代の初代天文方である渋川春海によって描かれたものです。よく見ると、現在の私たちが知っている星座とはかなり違っている様子。左下にある「器府」のおびただしいまでの×マークや、丸く囲んだだけの星座など、ずいぶんと幾何学的です。

実はこの図は、中国の星座を日本の地名に置き換えて描き記したもの。日本では古代から中国星図を取り入れていましたが、それは西洋とはまったく異なる起源を持っていました。古来より、それぞれの土地でそれぞれの星座の世界が存在していたことを、この図に教えてもらいました。

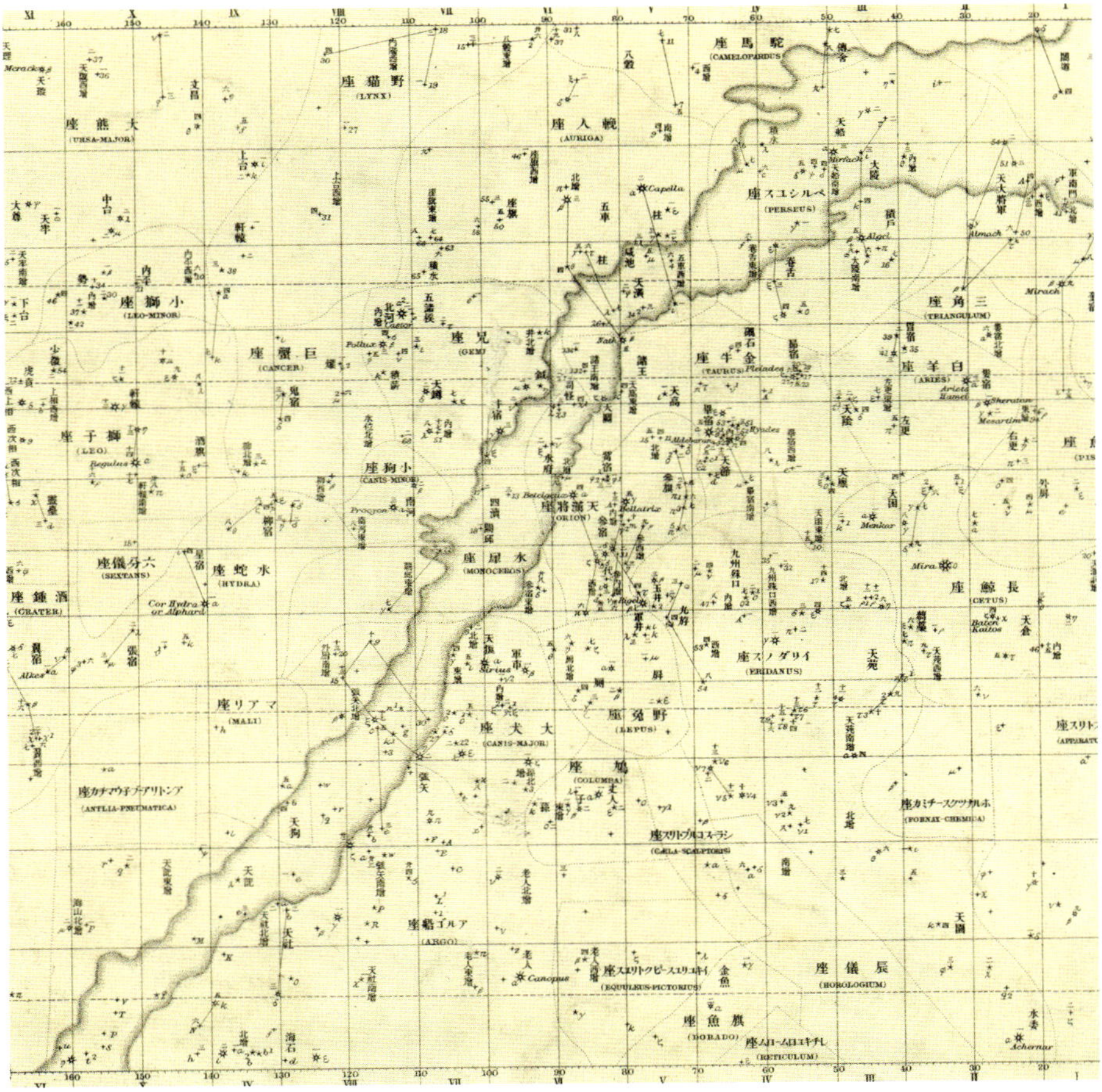

天図（部分）／1891／海上保安庁蔵

右の図から200年後、明治に入る頃から日本に取り入れられた、西洋の流れを汲む天文図です。イギリスの星図を元に、水路部（現在の海上保安庁海洋情報部）によってつくられた、夜の航海に使うための図。星の等級ごとに違う記号で表され、区切られたマス目もガイドとなる実用的なものです。

なかでもこの図の、斜めに横断する天の川の点描や、記号や文字の繊細な造形にはすっかり引き込まれてしまいます。船に乗ってこの天図を見ながら夜空を見上げるなんて、想像するだけで夢見心地になる、機能美を持った一枚です。

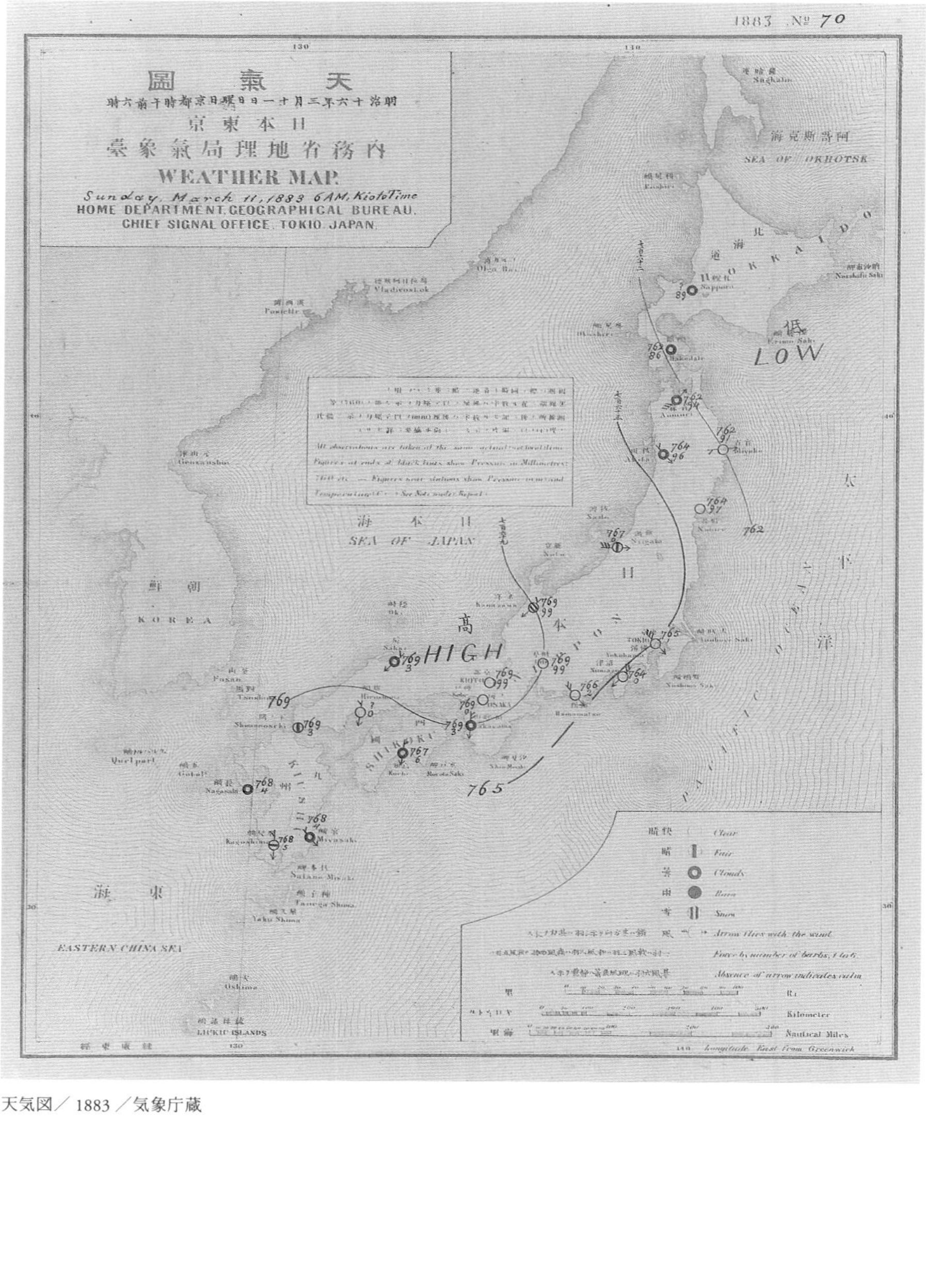

天気図／1883／気象庁蔵

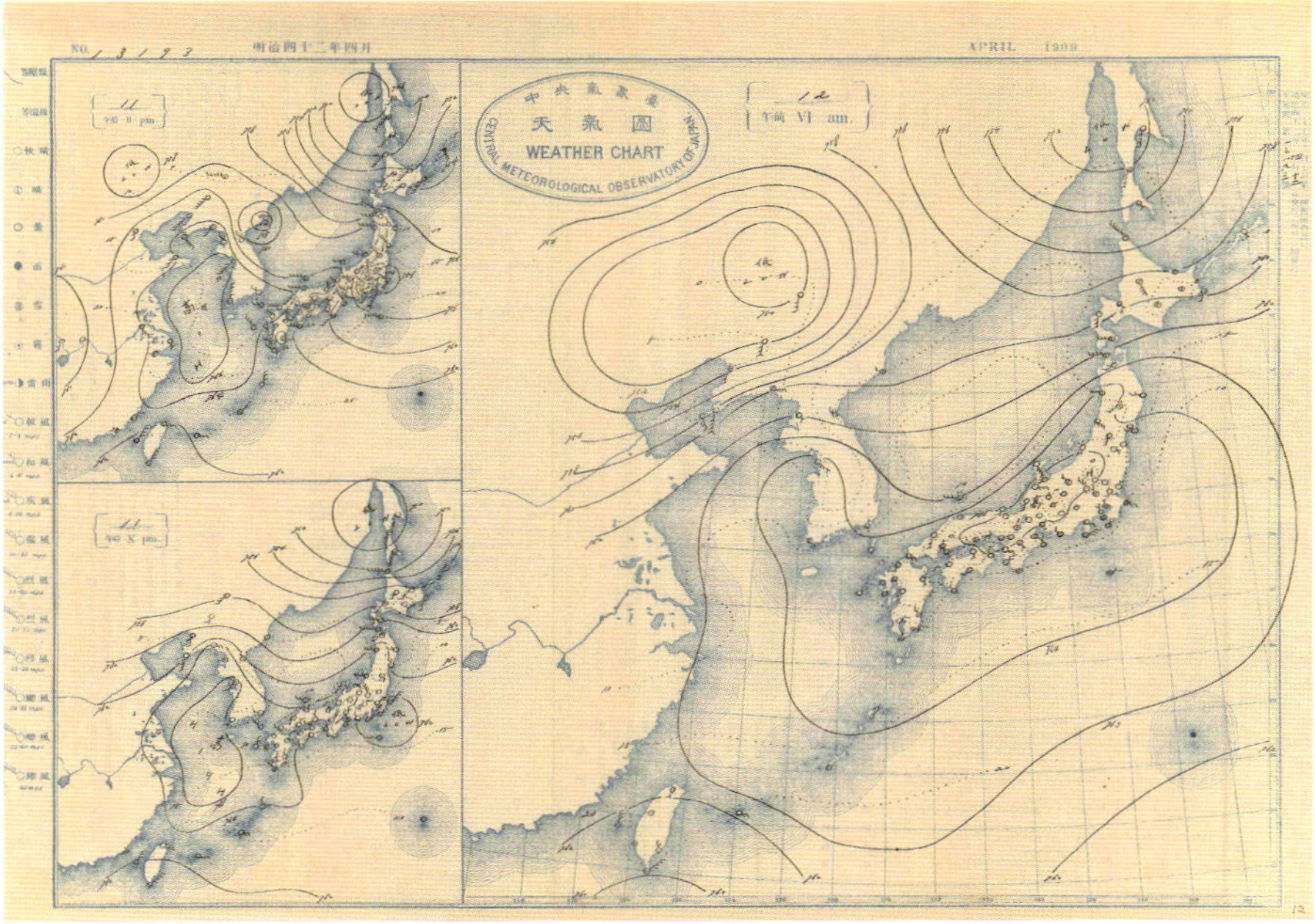

天気図／1909／気象庁蔵

天気図の記号に惹かれます。快晴が○、雨が●など、丸や矢羽根などのシンプルな記号を元に展開されるバリエーションは、分かりやすく力強い。また、等しい気圧や温度を結んだ等値線も、およそ数本で概況を伝えることができてしまうのだからなんともダイナミックです。

右は日本で初めて天気図が制作された年のもの。26年後の上の図では、観測ポイントや範囲、計測回数が増えています。どちらも、印刷されたフォーマットに手で書き込み再度印刷する手法で、毎日各所に配布されていたとのこと。おかげで残った手書きの矢羽根マークや等圧線の、愛着の湧く造形がたまらない図です。

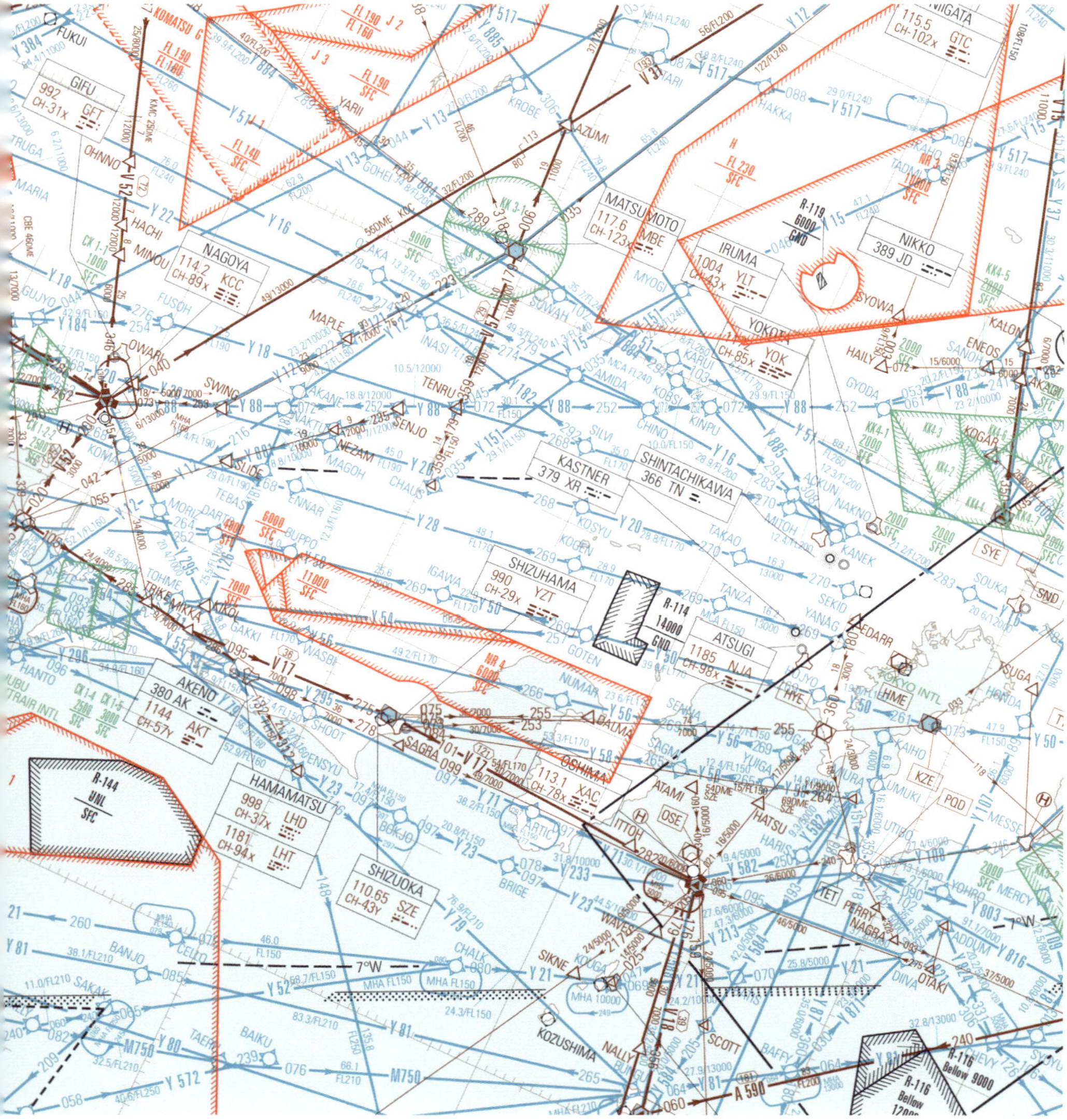

広大な空にこれほどの線や記号が連なっているなんて、思いもよらないことでした。これはパイロットのための専門的な航空図ですが、私のような素人には記号や数字が、まるで暗号のようにしか見えない……。かろうじて分かるのは地名だけ。ただよく見ると、どんなに煩雑に重なろうとも、5色に分けられたそれぞれがしっかり識別できることに気付かされます。

このエンルートチャートは、通常は無線航法で飛ぶパイロットが緊急時に使うなどの目的で必要とされるもの。そうした時に、事足りる情報量、且つ、瞬時に見分けられる識別法が、この図が持つ機能美として表れていたのです。

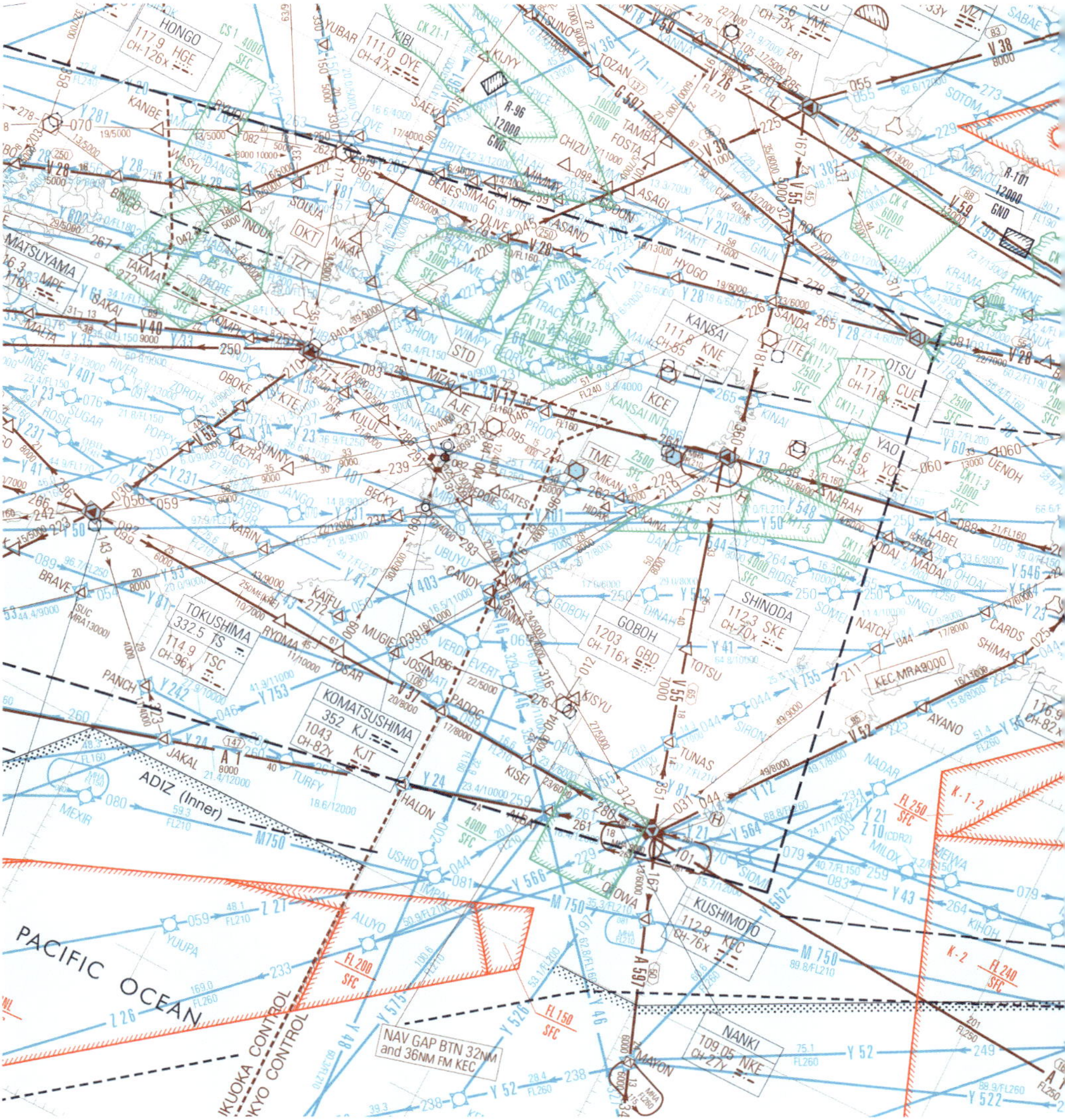

エンルートチャート（部分）／2016／国土交通省航空局航空情報センター

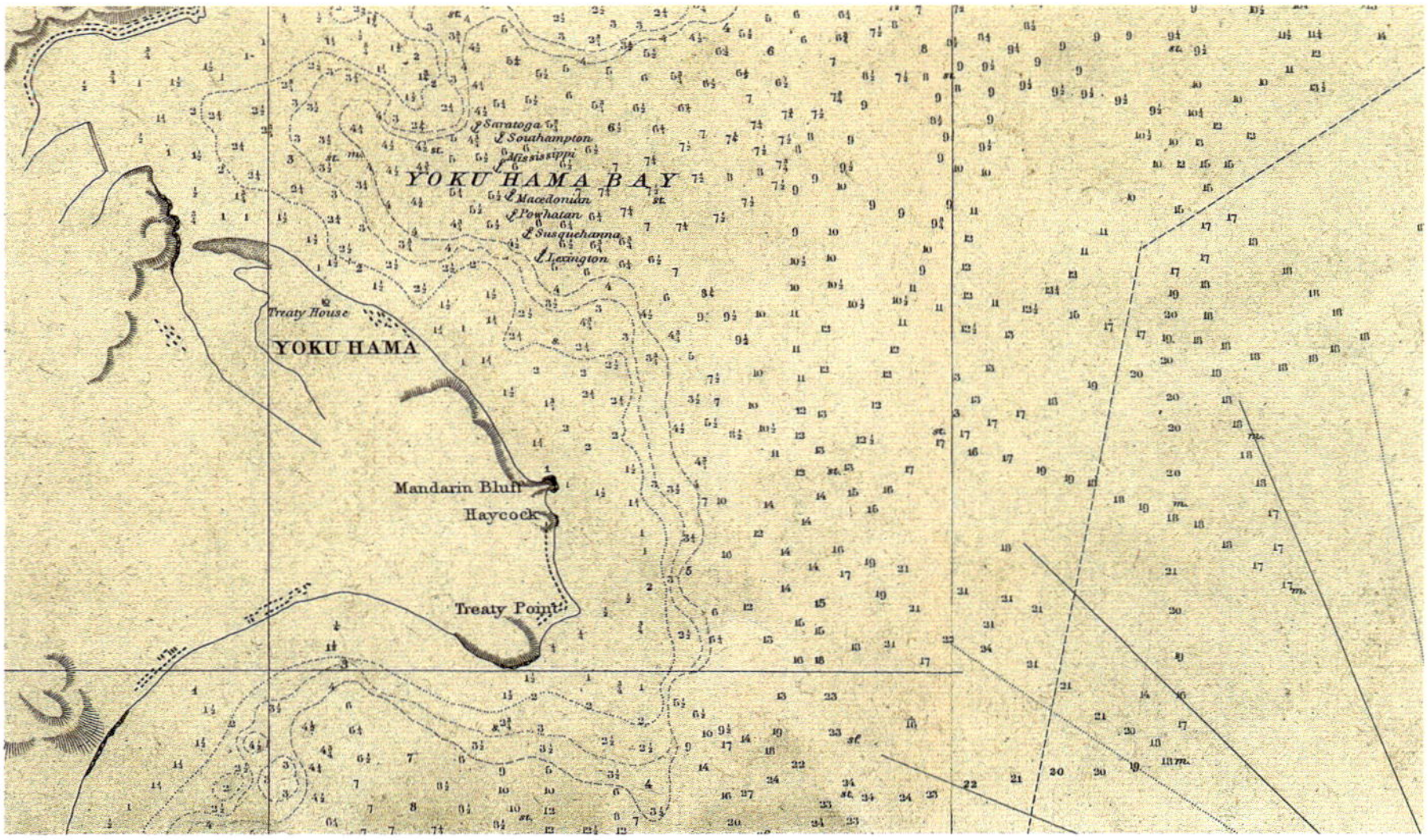

Western Shore of the Bay of Yedo ／ 1854 ／ Matthew Calbraith Perry ／海上保安庁蔵

海に大量に浮かぶ数字が、ある法則のもとに列をなして不思議な図形をつくり出しています。これは「海図」と呼ばれる種類の地図で、海上の数字が表しているのは水深。実際に測量した場所の数値を図に書き込んでいることから、線状に並ぶ数字は航路であることが分かります。

この地図は、ペリーが浦賀沖に黒船で初来航した際に測量して制作したもの。鎖国をしていた日本でしたが、すでに浦賀まではアメリカによる調査が済んでいて、日本来航の目的のひとつは以北の測量でもあったとのこと。日本人が「たった四杯で夜も眠れず」と歌っているうちに、実はこんな図までつくっていたのです。

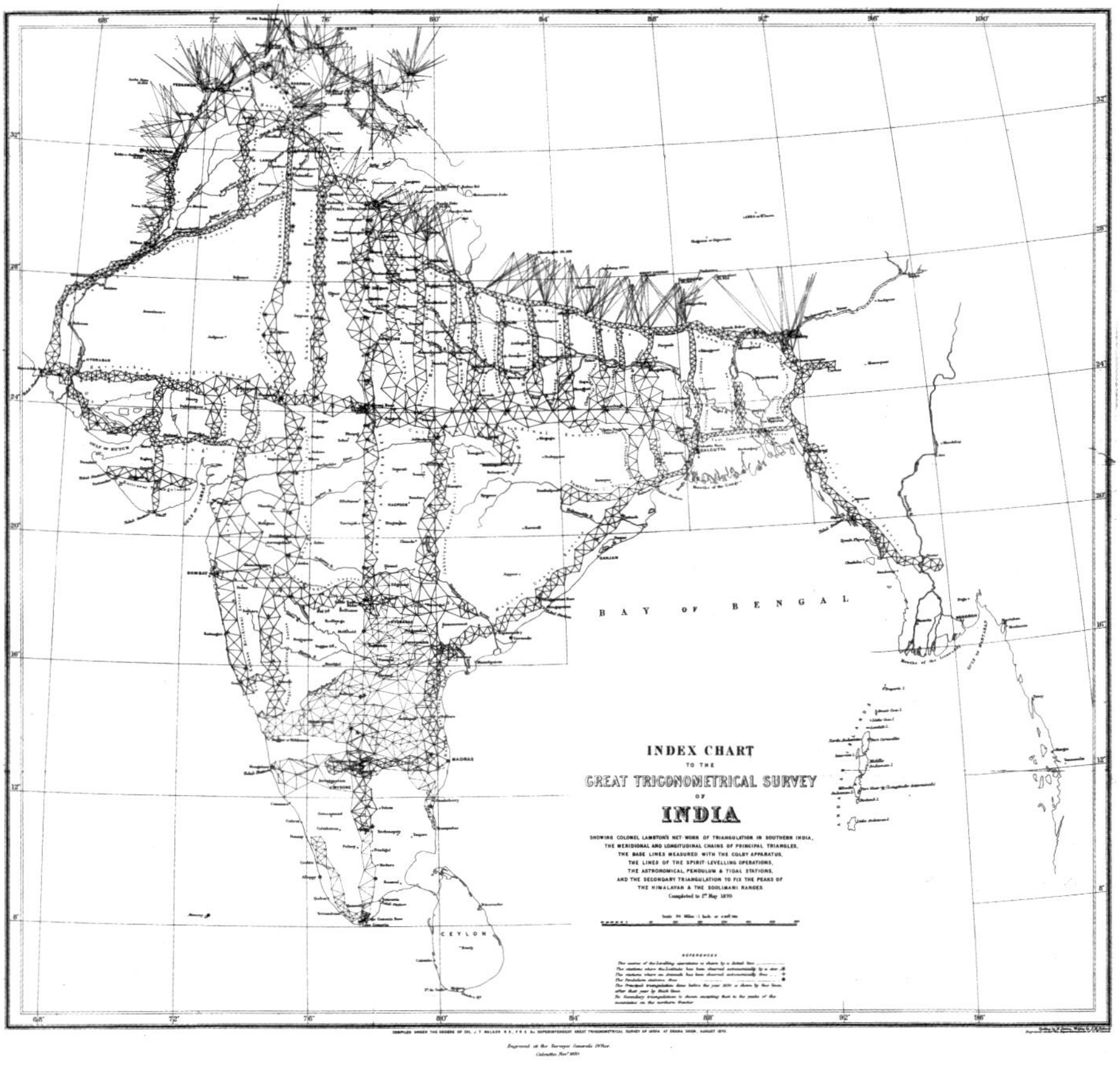

Index Chart to the Great Trigonometric Survey of India ／ 1870 ／ Survey of India

最初の三角はどこだったのか。次々と三角が連なり、大きくなったり小さくなったりしながら、次第に網のように広がっていく。じーっと見ていたら、ツンと澄まして左前を向いたトナカイの顔と前足が見えてきました。

これはインドで初めておこなわれた「三角測量」の調査成果を残した図です。三角測量とは、ある基線の両端にある既知の点から、測定したい点への角度をそれぞれ測定することによって、その点の位置を決定するというもの。なるほど、どの三角も必ず2点でつながっています。それにしてもいったんトナカイに見えてしまったら、どこから見てももうそうにしか見えない……。測量成果により副次的に現れてしまった図像の思わぬ出で立ちに、すっかり気を取られてしまいました。

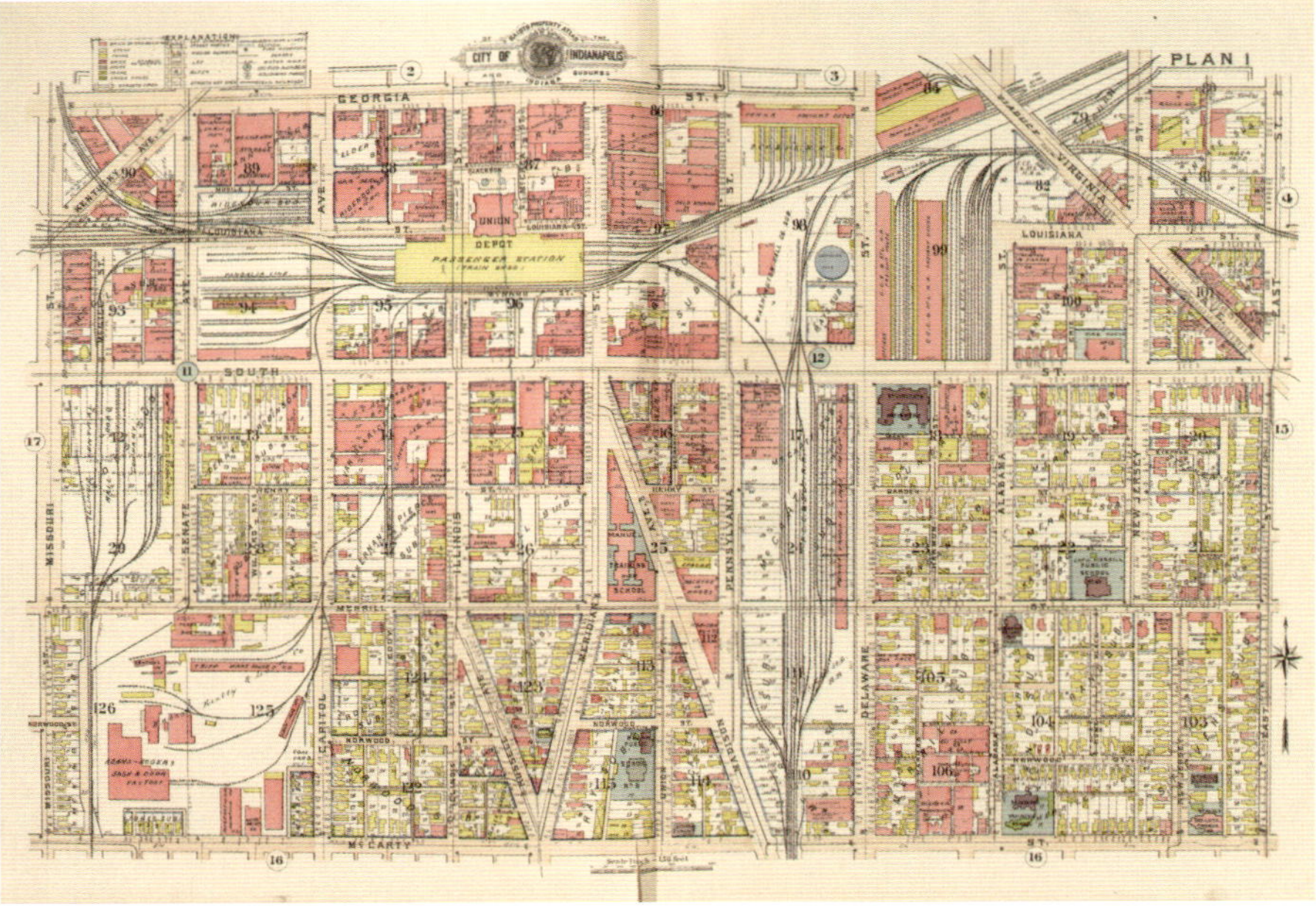

Baist's Real Estate Atlas of Surveys of Indianapolis and Vicinity ／ 1916 ／ G. Wm. Baist ／アメリカ議会図書館蔵

この地図を初めて見た時、実在しない街が描かれているのでは、と思いました。なぜなら、線路の方向や収まり具合、家の数、道路の配置など、そのバランスが良すぎて、理想的な街の地図に見えたのです。デパートの包装紙にありそう……、なんて想像していたところ、実際にはアメリカ・インディアナポリスの住宅調査結果を表す地図でした。

インディアナポリスは19世紀に計画都市としてつくられた街。均整のとれたかたちをしているのは当然なのですが、それまで街のつくられ方を意識したこともなかった私にとっては思わぬ事実。無知ゆえに“現実の地図”に勝手な“想像の地図”を見てしまったのです。

神保町の古本屋で棚にひっそりと置かれていた手描き地図。破れかけたトレーシングペーパーに、残るインクの跡。一度手にしたら棚に戻せず、レジへ直行してしまいました。

家に戻って調べてみると、表題はドイツ語で「トルキスタンの概要地図」と書かれていることが分かりました。川だけ入念に描かれているけれどなぜだろう？　とか、ここって書きかけ？　などと考えながら地図と向かい合っていると、作者の行動を追体験しているような気分になってきます。

私たちがふだん目にする地図の多くは印刷されたもので、手描きのものに触れる機会はほとんどありません。ただこうして見知らぬ人の肉筆地図を手に取ってみたら、その物体が持つ磁力のようなものにぐいっと引き寄せられてしまいました。

Übersichtskarte von TURKESTAN ／著者蔵

The City of New York ／ 1879 ／ Will L. Taylor ／アメリカ議会図書館蔵

飛ぶ鳥の視点になぞらえて「鳥瞰図」と呼ばれる、高い視点から斜めに俯瞰したニューヨークの地図です。鳥瞰図が描かれるようになったのは近世頃からと推測されていますが、まだ飛行機も高い建物もない時代に、見たこともないはずの高さから大地を眺めようとした人間の想像力に驚かされます。

なかでもこの地図に惹かれたのは、その細密さ。縦188cm×横107cmとおよそ畳一畳ほどの大きさがありますが、拡大した上の図を見ても分かるように、建物の一層まで、船のマスト一本まで精緻に描き込まれています。左上の広告や注記に至るまでこれでもかと面を埋め続け、唯一残った余白は右上の小さな空のみ。どれほどの情熱を込めて描かれたのかと考えるだけで、見ている側も背筋がぴんと伸びる図です。

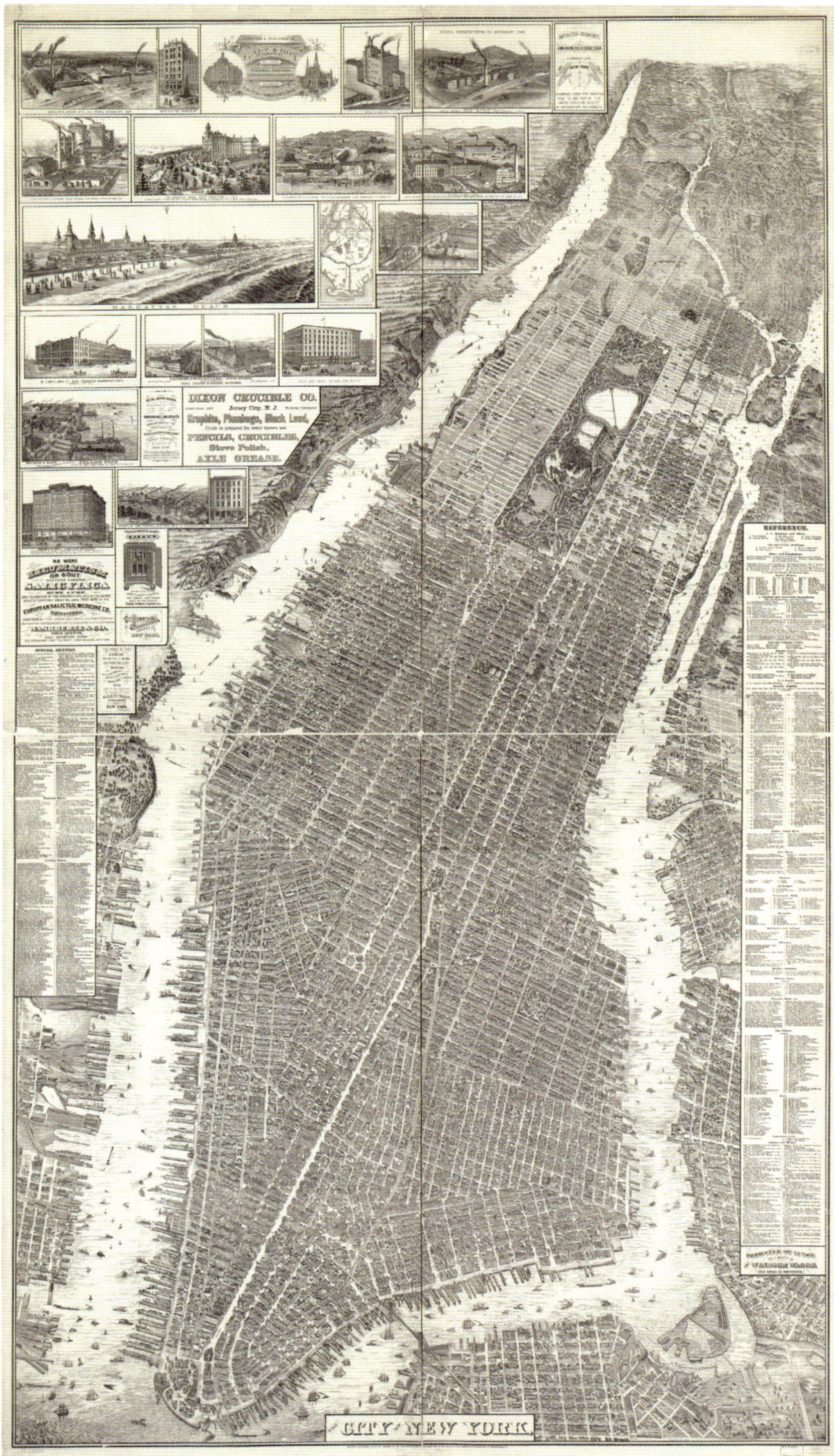

MANHATTAN BEACH
DIXON CRUCIBLE CO.
Jersey City, N. J.
Graphite, Plumbago, Black Lead,
PENCILS, CRUCIBLES,
Stove Polish,
AXLE GREASE.
REFERENCE.
CITY NEW YORK

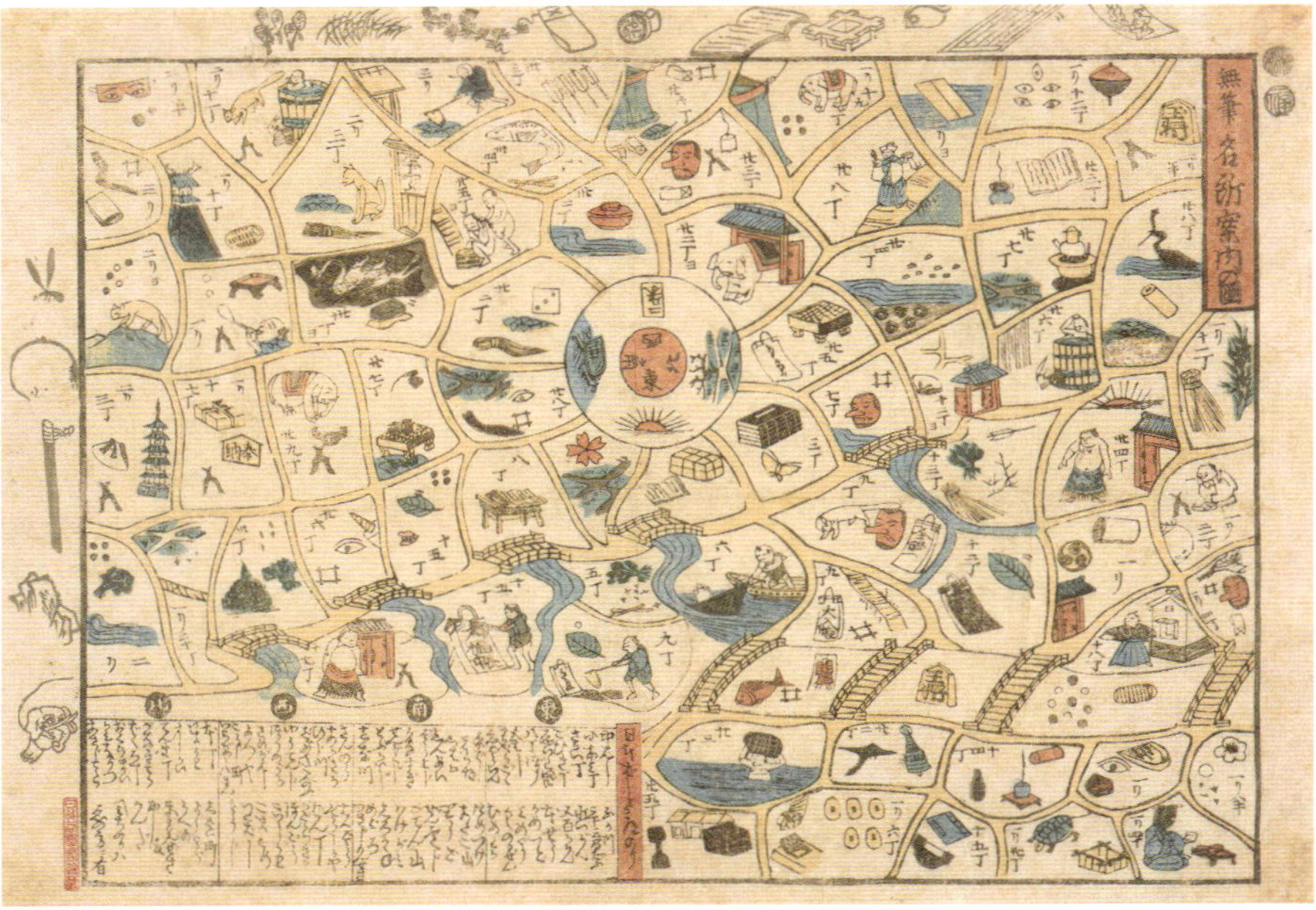

無筆名所案内図／1848-1852／東京都立中央図書館特別文庫室蔵

絵や文字の組み合わせに答えを隠して当てさせる謎とき遊び、「判じ絵」でつくられた、江戸の名所案内図です。たとえば、駒と5つの目で「駒込（コマ・5・目）」とか、門から半分象が見えて「半蔵門」など、気の抜ける駄洒落のオンパレード。この図の中央にある丸は江戸城を表し、方角や地名の位置関係もおおよそあっています。

判じ絵は通常、絵や文字だけを紙に配置した作品が多いのですが、そこに地図が登場すると、場所や方角などの地理的情報が謎ときの手がかりになるところがまた面白い。地図と判じ絵の組み合わせの妙が効いた逸品です。

双六の世界にも地図はたびたび登場します。ある時、下の図を双六の図集で見かけ、この地図とも双六ともどこかズレた不思議な世界に釘付けになりました。

この双六は明治末期の雑誌『少女画報』の付録として、画家の竹久夢二によって描かれたもので、当時、博覧会で賑わっていた上野を描いたのではと推測されています。一見、穏やかに見えますが、人気のない塔や洋館、顔が描かれた木のある「オバケの森」など、なんだか妖しい雰囲気が漂っている……。夢二が描く上野の姿は、どこか彼自身の想像の世界と接続しているように感じられます。この“空想地図”的な双六は、当時の少女たちをさぞかし虜にしただろうと思うのです。

パラダイス双六／1912／竹久夢二／早稲田大学図書館蔵

樹木の根っこのように垂れ下がるのは、河川。本来の蛇行のくせを残しつつも、帯状に延ばされて表されています。連なる山はデコレーションされたホイップクリームみたいに立体的で軽やか。山の頂に記された数字もリズミカルな雰囲気を醸し出しています。

この図は世界の主要な河川の長さや山の高さを相対的に表したものですが、描き込まれたディテールに目を凝らしているうちに、すっと内容を理解できてしまうところが素晴らしい。近年注目される、情報を視覚的に分かりやすく表現する“インフォグラフィックス”を体現している図です。

Physical Geography ／ 1854 ／ Adam & Charles Black, Sidney Hall and William Hughes

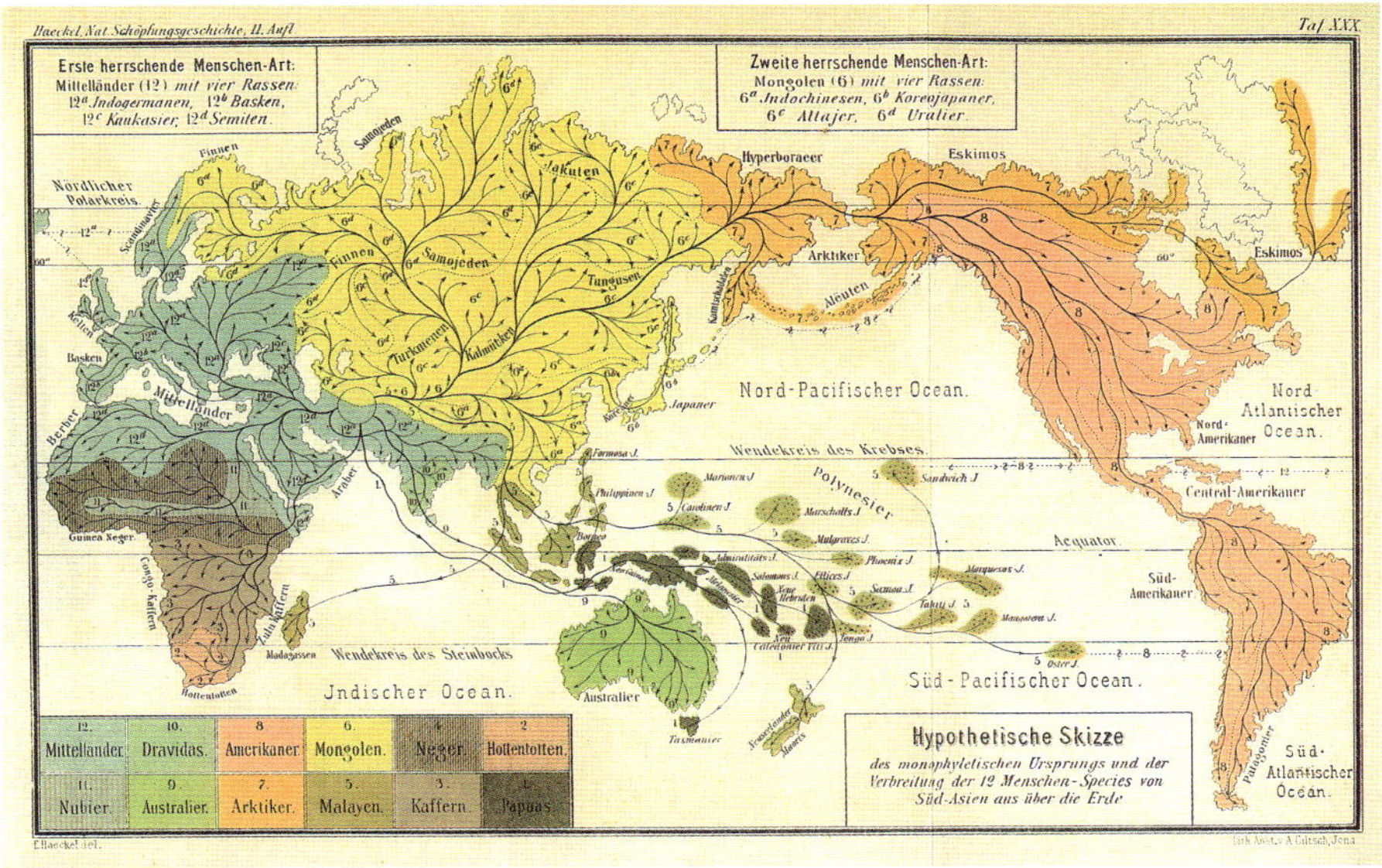

人類分布拡大図／ 1868 ／ Ernst Haeckel ／ *Natürliche Schöpfungsgeschichte*, Berlin: Georg Reimer 所収

数ある記号のなかでも“矢印”の主役感ってすごい。登場するたびに、見る者に目を追わせ、時に首を曲げさせてしまうほどの記号は他になかなかありません。なかでもこの図での矢印の存在感は圧倒的です。ひとつの円から樹木状に伸びる矢印は次々と触手をのばし、世界地図を隙間なく埋め尽くしていきます。

この図では、円の中心であるアフガニスタン付近を人類の発生地と仮定して、それぞれ色分けされた12の人種に分かれていくさまが描かれています。作者のエルンスト・ヘッケルは、生物の進化の流れを１本の樹木に見立てた“系統樹の図”を数多く描いた進化学者。まるで大陸が数枚のひらひらした葉っぱのように見えたのは、ヘッケルの卓越した画力によるものだったのです。

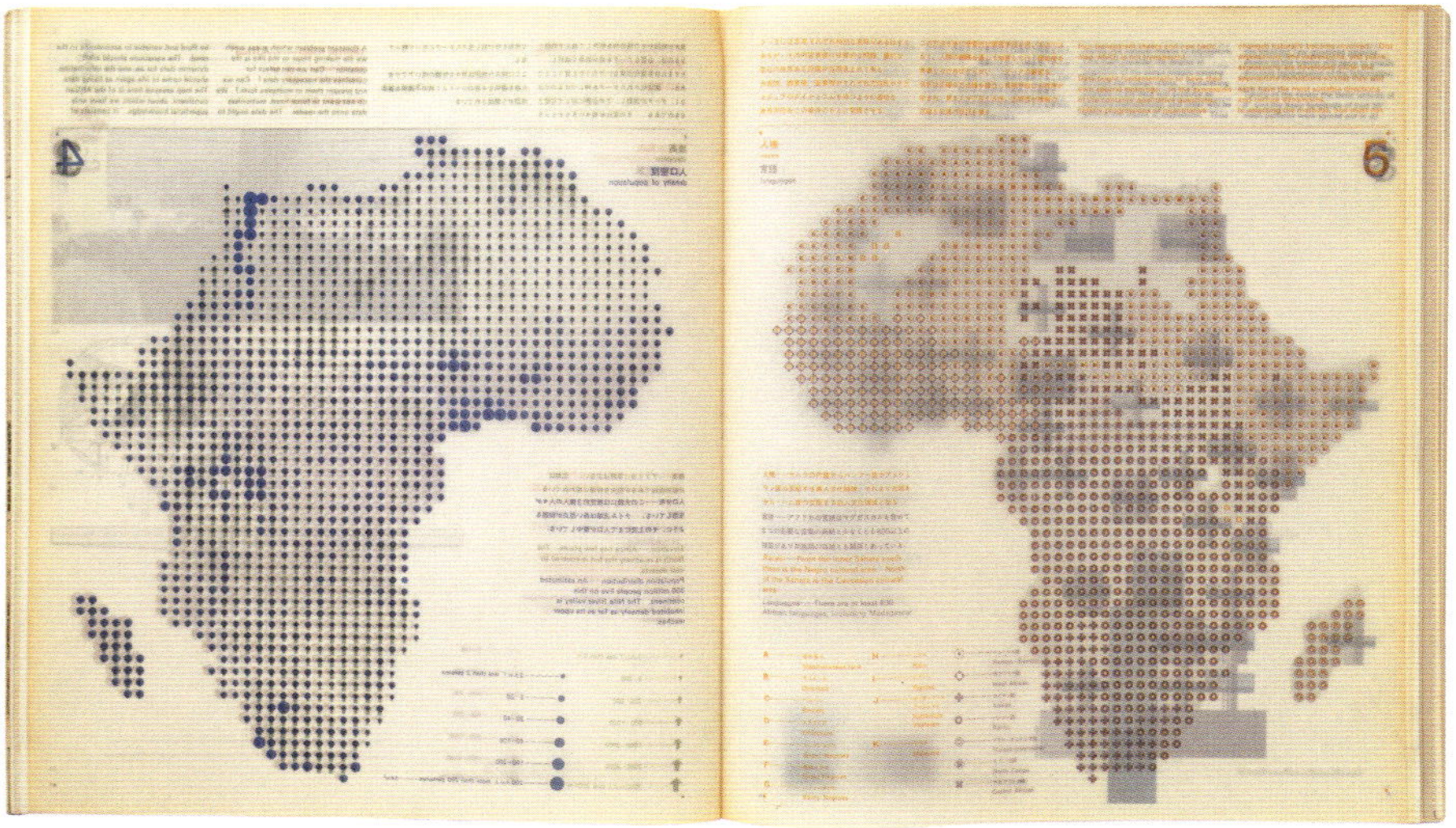

「ディジタルマップ―アフリカ」実験的透明地図／1970／中垣信夫／『アイデア』（誠文堂新光社）324号より

あるページは矢印だけ、あるページは丸だけ、と写植で使われる記号をマスに埋めていくことでかたちづくられた８通りのアフリカ。トレーシングペーパー４枚に、風向や年間降雨量、人口密度、人種、言語、貿易などのデータがそれぞれ単色で両面印刷され、透過して見られるようになっています。コンピューターが普及していない当時において、この地図の多重表現はどれほど先鋭的だったことでしょうか。ページをめくるごとに別々の記号同士が重なることで、幾層ものバリエーションを生む図像の妙にも見惚れます。

解説に付された「固定化されたデータを押しつけるのではなく、データが流動し、その変化が我々にダイナミックな情報を呼び起こし生きたデータとなって蘇ってくる」という作者の言葉は、来るテクノロジーの時代を予見しているかのようです。

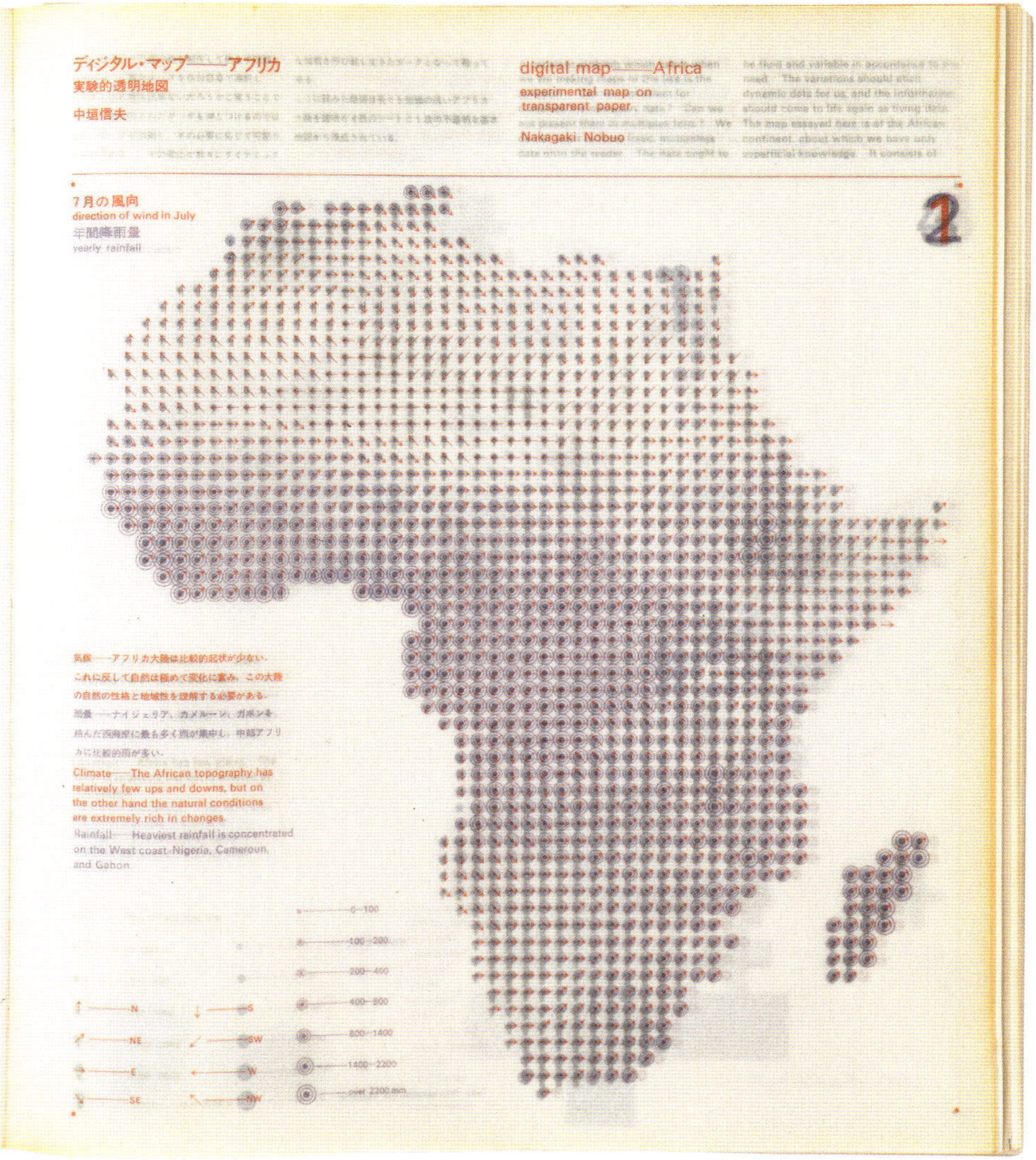

ディジタル・マップ——アフリカ
実験的透明地図
中垣信夫

digital map——Africa
experimental map on transparent paper
Nakagaki Nobuo

1

7月の風向
direction of wind in July
年間降雨量
yearly rainfall

気象——アフリカ大陸は比較的起伏が少ない。これに反して自然は極めて変化に富み、この大陸の自然の性格と地域性を理解する必要がある。
雨量——ナイジェリア、カメルーン、ガボンを結んだ西海岸に最も多く雨が集中し、中部アフリカに比較的雨が多い。

Climate——The African topography has relatively few ups and downs, but on the other hand the natural conditions are extremely rich in changes.
Rainfall——Heaviest rainfall is concentrated on the West coast-Nigeria, Cameroun, and Gabon.

N
S
NE
SW
E
W
SE
NW

0–100
100–200
200–400
400–800
800–1400
1400–2200
over 2200 mm

下の表紙の都市はどこでしょうか？　答えは東京―横浜。左ページの上から2つめの地図データから、オレンジで表される都市の区域のみを取り出したものです。こうして見ると、街の姿から不在のはずの鉄道の線までも浮かび上がってくるようです。

この書籍は、世界101の都市の人口密度、交通、通信量などの統計データを記録して分析したもの。スケールや配置が周到に統一され、アイコンやカラーリングが巧みに使われていることで、私たちは地図を“読む”のではなく、直接生のままのデータに“触れて”いるような感覚に陥ります。ページをめくるほどにじわじわとその凄さが滲み出てくる、機能美に満ちた地図集です。

Metropolitan World Atlas ／ Author: Arjen van Susteren
Publisher: 010 Publishers, Rotterdam 2005
Design book and maps: studio Joost Grootens（Joost Grootens）
Production: Lecturis, Eindhoven（printing）
312 pp ／ 168 x 210 mm ／ hardcover ／ English

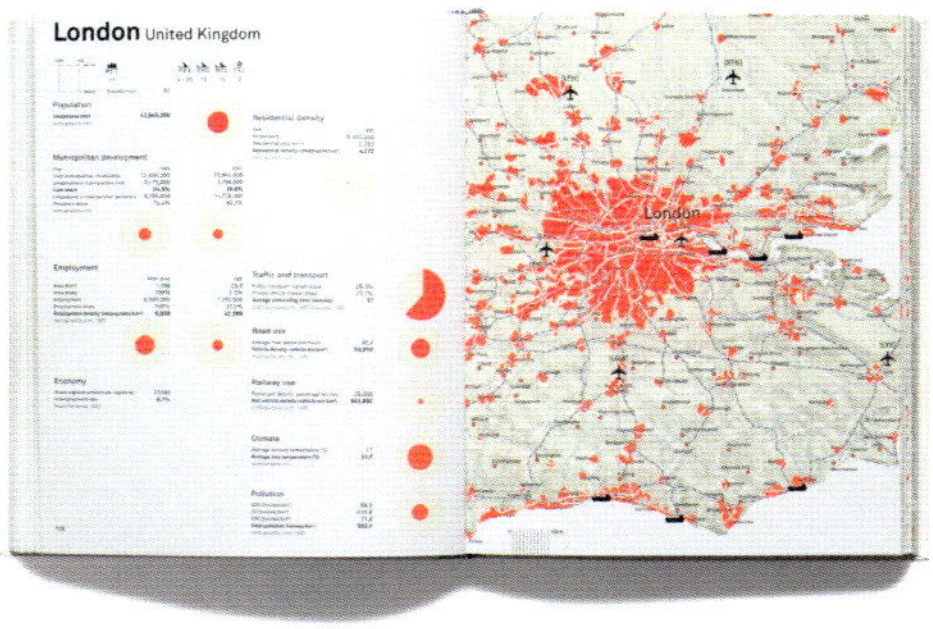
London United Kingdom
London

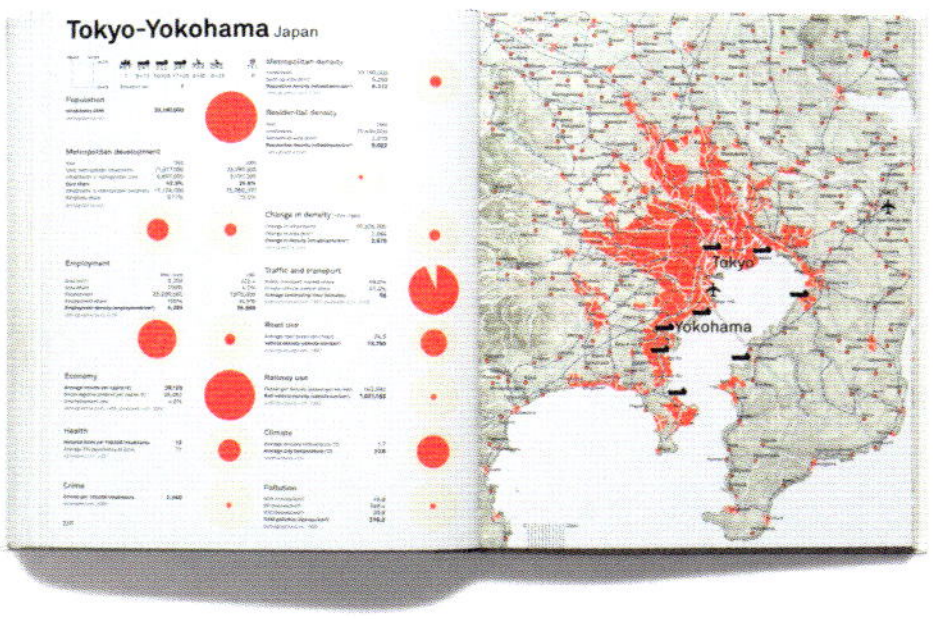
Tokyo-Yokohama Japan
Tokyo
Yokohama

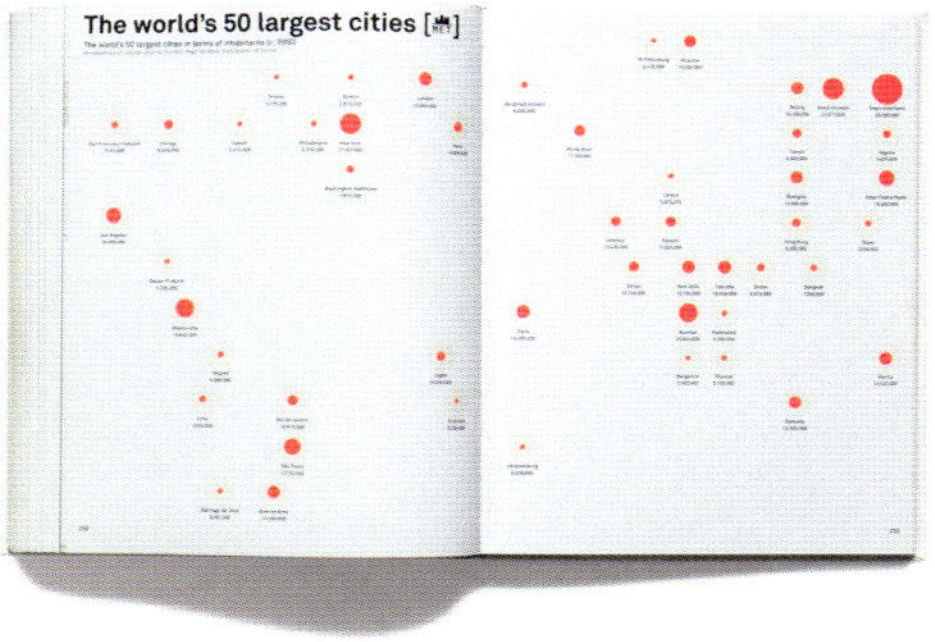
The world's 50 largest cities

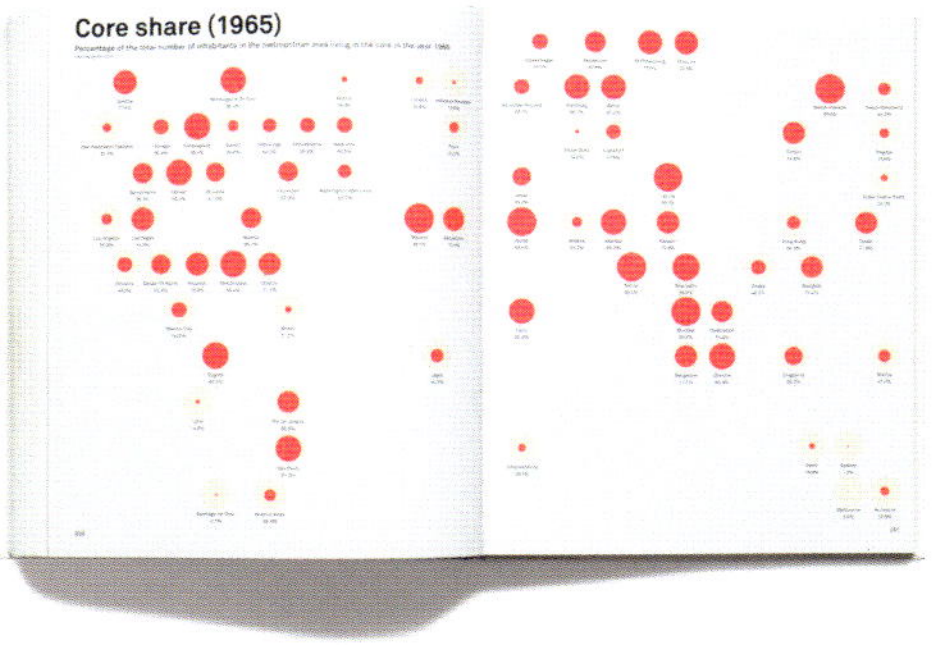
Core share (1965)

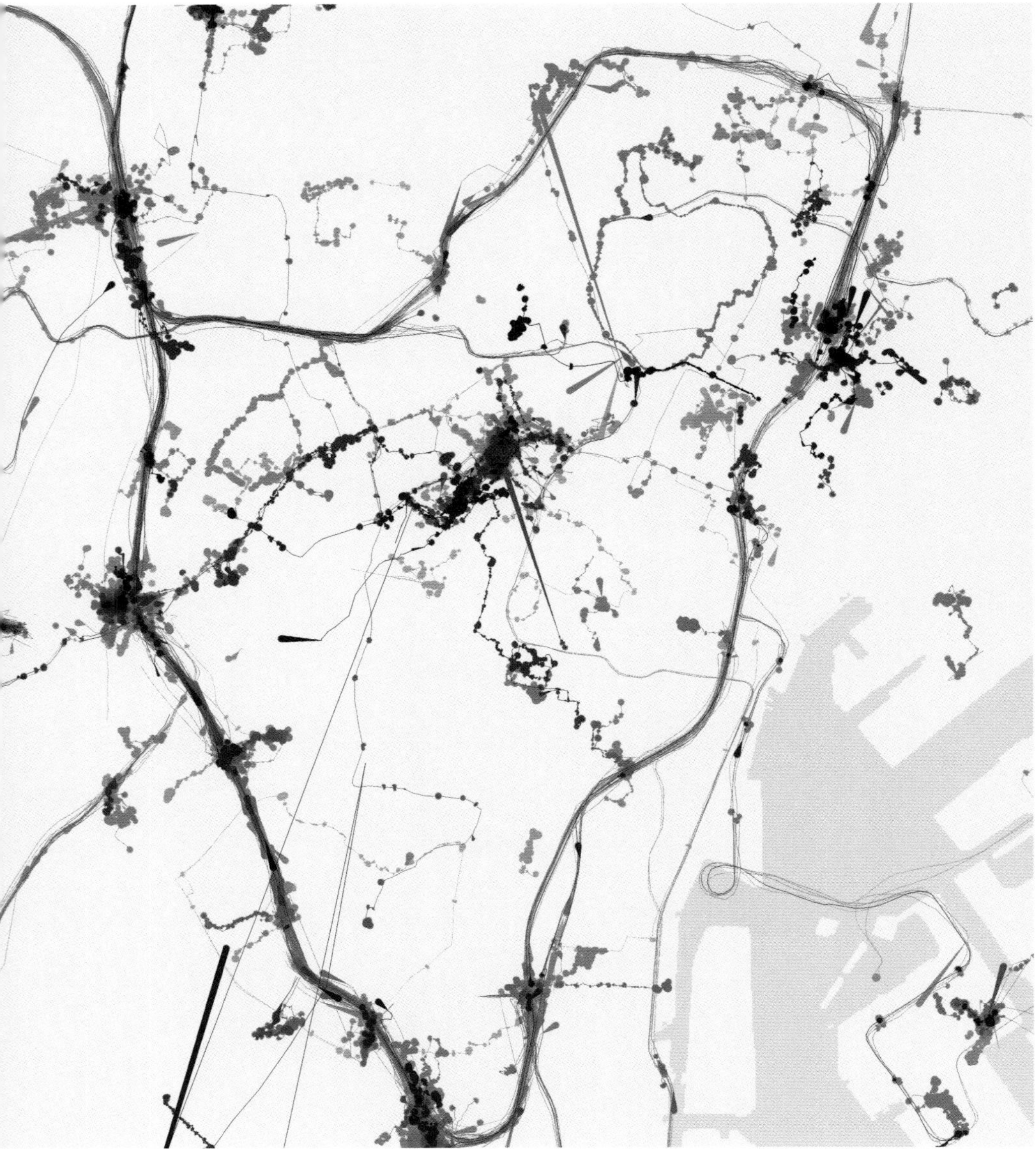

墨で描かれた抽象的な線画のように見えますが、これはGPS（人工衛星を利用した位置情報計測システム）のログが描いた軌跡です。地図ソフト「カシミール3D」の軌跡表示機能を使い、時間が経過するごとに色が薄く、速度が遅くなるごとに線が太くなるように設定することで、作者のおよそ15年ぶんの足取りが地図上に現れます。

作者の石川氏は、毎日どこへ行くにもGPSを携帯し、ログを取り続けています。そうした身体が描く線の軌跡は、年数を追うごとに蓄積されていく。現代のテクノロジーによってしか成し得ない、幽玄な“東京の自画像”が浮かび上がっています。

GPSカリグラフィ 東京／ 2005-2015 ／石川初

一見、青色に塗られた日本地図と見まがう。この地図はwebに公開されているもので、徐々にズームインしていくと1本ずつの線の集合体であることが分かります。この線の正体は、川。山々から水が浸み出し、海へと流れ込む姿が地図に輪郭を与えているのです。人体に走る毛細血管のごとく、川が日本中を被い、水の恵みを与えていることに気付かされます。空白の箇所は池か沼か、それとも山頂か。要素をひとつに絞ったことで、対象への興味がより増してくる。ズームイン・ズームアウトを繰り返すたびに、その美しさにはっとさせられる地図です。

川だけ地図／ 2014 ／ http://www.gridscapes.net/#AllRivers

どこか時空が歪んでいるかのような東京の姿。作者は街を数ヶ月歩き回って何万枚にもおよぶ写真を撮影し、マッチ箱程度の大きさのコンタクトシート（写真フィルムを原寸の印画紙にプリントしたもの）を1枚、1枚、背丈ほどもある大きな白いキャンバスに手で貼っていきます。

様々なアングルから撮られた写真は、作家が関心を寄せる街の事象。近寄って見てみると、飲み屋の看板や捨てられた空き缶、御輿を担ぐ人など、ディテールの細かさに固唾を呑みます。そして数歩下がり俯瞰して見ると、驚くほどに印象が変わる。細部ではよく知っているはずの、けれども集合体となった時に現れる、見たことのない東京の姿にしばし圧倒されるのです。

Diorama Map Tokyo ／ 2014 ／西野壮平

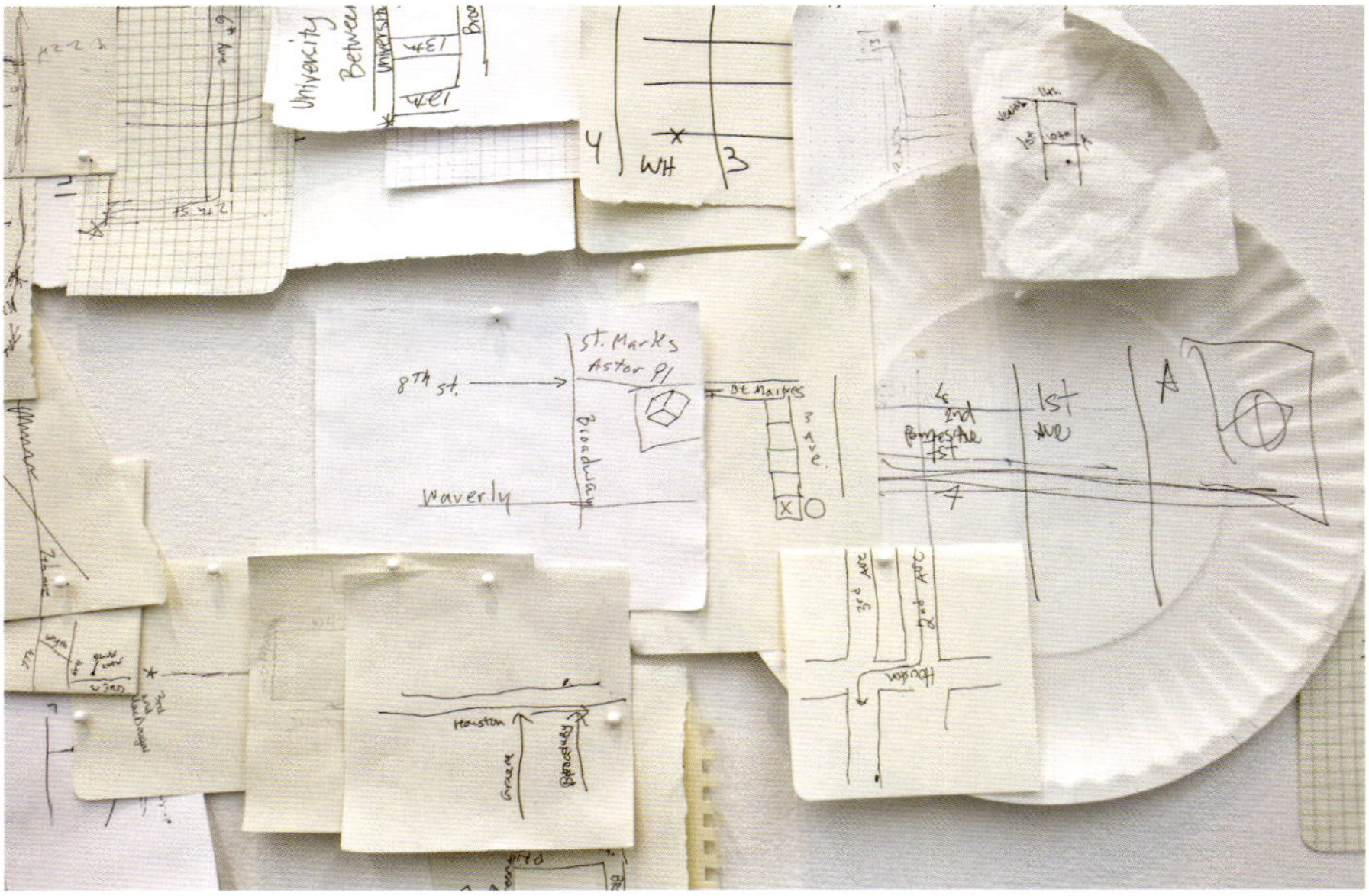

From Here To There（Manhattan）／2012-／Nobutaka Aozaki

紙皿やレストランのナプキンなど、ありあわせの紙にメモ書きされた地図が、つなぎ合わされるように壁に何十枚も貼られています。マンハッタンの路上で、通りがかりの人に道を尋ねて描いてもらった道案内の地図を、実際の位置関係に基づいて配置していく。ニューヨーク在住のアーティストによる、アナログな地理的コミュニケーションの価値を見直す作品です。

スマートフォンが普及した現在、人々の地理的な記憶は日々曖昧になっています。この作品はそうした現代における、見知らぬ人同士のおぼろげな記憶のみで形成された、伝達によるひとつのマンハッタンの地図なのです。

空想の世界を描く

地図は通常、指し示された〝どこか〟が存在するという約束事の上に成り立っています。でも実存しない場所を描いた地図もあります。それは作者の頭のなかにある世界を表現した空想地図と呼ばれるもの。そうした約束事の圏外にある、奔放な地図に強く惹かれます。

江戸時代に国学者として活躍した本居宣長も空想地図をつくっていました。そのことを知った私は、是が非でも実物を見たい！　と暑い夏のある日、三重県松阪市にある本居宣長記念館を訪ねました。

宣長旧家の隣につくられた記念館の展示室には、思っていた以上に多くの自筆地図が並んでいました。宣長は小さな頃から地図や系図が好きで、自分でも幾枚も描いており、なかには畳一畳ほどもある日本地図も。なんと彼はこの地図を1ヶ月で描き上げたとのことで、そのずば抜けた力量の片鱗を目前にし、すっと汗が引きました。

そして展示室の一角に目的の空想地図を見つけました。19歳の時に描かれた「端原氏城下絵図」は、墨一色で表された精緻な地図でした。線にまったくの迷いがなく、描き込まれた寺や家の名前もよくありそうで、「え？　これが空想で描かれたもの？」と戸惑います。学芸員の方に話を伺ってみると、発見された当初は、実在する街の地図だと考えられていたそうです。後に「端原家系図」が見つかり（まさか空想家系図までセットでつくっていたとは……）、その家紋や家名が実在するものではないことが分かり、空想地図だと判明したとのこと。

宣長はつくづく不思議な人物です。町医者として40年以上開業しながらも、残した作品の量も膨大で、分野も多岐にわたっています。作品

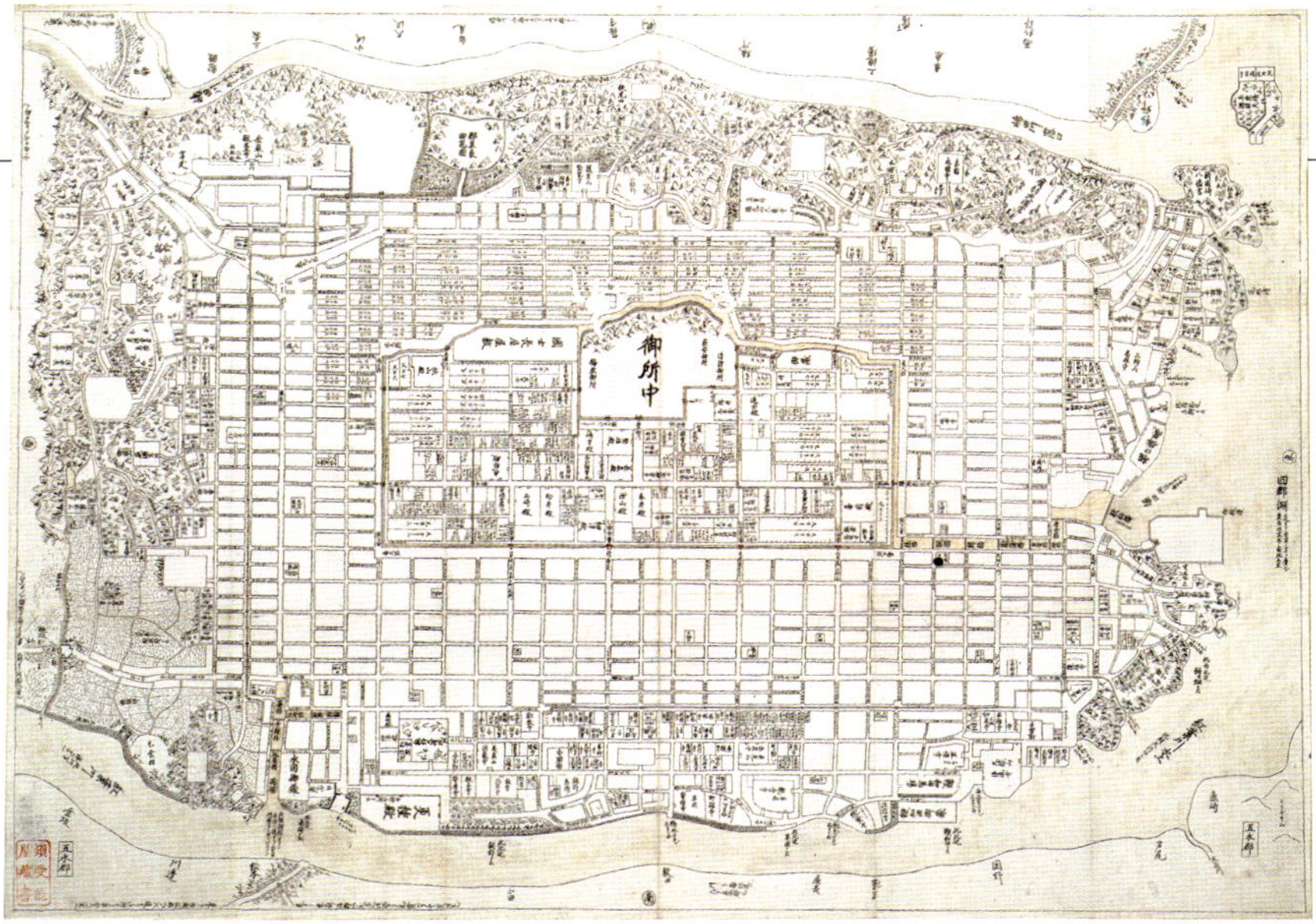

本居宣長作「端原氏城下絵図」／1749／本居宣長記念館蔵
10代の宣長が憧れていた京都の街をモデルにしたのではと推測されている。

によっては筆致もまったく違い、彼のなかに何人もの人が存在するかのような感覚にとらわれるほど。展示ではその類い希なる非凡さの一端を目の当たりにしました。

現代にもこうした空想地図の系譜は脈々と続いています。今和泉隆行さんは、空想都市である中村（なごむる）市地図の制作を11歳からスタート。初めは手描きで、途中からillustratorソフトでの制作に移行しますが、その際に選んだフォーマットは、彼にとって馴染み深かった昭文社のマップルでした。空想の街にひとつの形式を与え、いったんは完成までこぎ着けたものの、実は30歳になった今でも改訂作業が続いています。

その理由は大きく2つ。1つには、中村市の地図をHPや書籍などで広く発信したことで寄せられた感想や、それによる自身の気づきから、街としての整合性をとるべく改訂が必要になったこと。2つめには、illustratorによって地図の修正が比較的簡単にできてしまうことで、いつまでも街の姿を変貌させ続けることが可能になったこと。現代の開かれたSNS的コミュニ

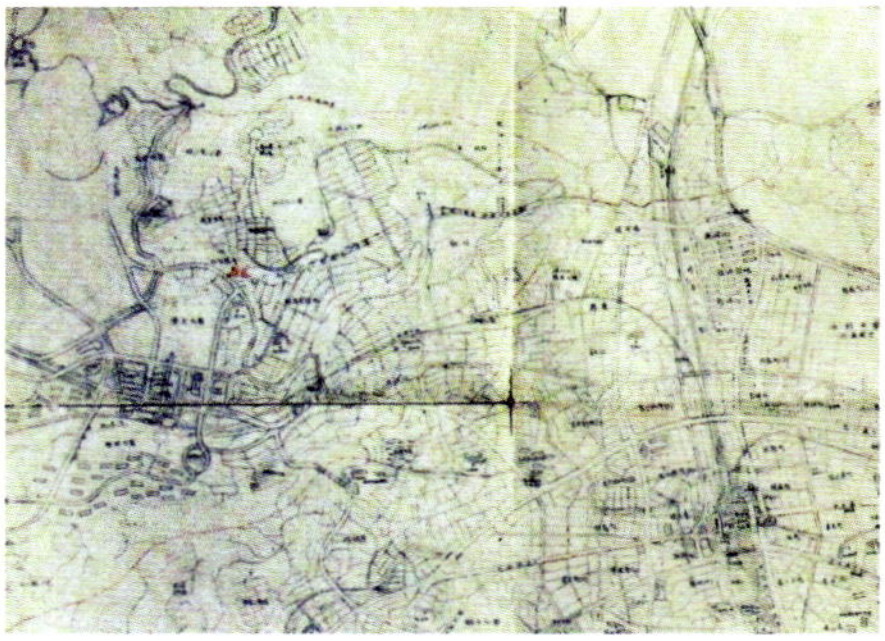

今和泉隆行作「中村市地図」駅周辺部。左が手描き、右が同エリアをillustratorソフトで制作したもの。詳しくは作者の著書『みんなの空想地図』（白水社）がおすすめ。空想地図をつくる思考過程が綴られた興味深い一冊。

ケーションやテクノロジーの進化によって、今和泉さんの空想地図づくりはなかなか終わらないのです。

1章で紹介している「うちわ型仏教系世界図」や「Clover Leaf Map」なんて、現在の私たちから見たらまるで空想地図のようですが、その時代においては〝現実に存在する〟と信じられていたのだから、この場合は逆です。空想地図のほうがずっとリアルな見た目を装っているのだから面白い。

誰かの頭のなかにしかない街や都市を、地図というフォーマットにのせることにより出現したパラレルワールド。時代と併走したビジュアルを纏いながら、地図の根源的な意味を私たちに問いかけているように思います。

data

本居宣長記念館

三重県松阪市殿町1536-7
☎0598-21-0312

2.

地図をつくる

国立
代々木競技場
第一体育館
第二体育館
NHK放送
センター
長泉寺
東京メトロ副都心線
宇田川
井の頭通り
渋谷区役所前
渋谷区役所
公園通り
穏田神社
キャットストリート
A
松濤
松濤公園
松濤公園
のんべい横町
御嶽神社
渋谷駅
宮益坂
B
円山町
渋谷駅
④神泉谷
神泉駅
京王井の頭線
東急田園都市線
神泉支流
玉川通り
渋谷駅
東急東横線
間坂
桜丘町
D
⑥鶯谷
南平台町
鉢山分水支流
鶯谷町
南平坂
乗泉寺
天狗坂
かめやま坂
鉢山町
猿楽町

等高線に執着する

　地図のことがなんだか気になり始めた2006年の秋のこと、私はアナログな手法で地形図と向き合っていました。紙の1／25000地形図を購入して、等高線を境にせっせと色を塗っていたのです。

　その頃の私は、暇さえあれば東京の街を歩き、〝壁〟の写真を撮っていました。建物の外壁の一部に絵画のような美しさを見つけてからというもの、街へ出かけては壁を探すことに熱中していました（→P110）。好みの被写体は、曲がりくねった細い道がある住宅密集地域に多いため、地図でアタリをつけてから出かけていたのですが、そうした場所には共通性があることに、ある時はたと気がつきます。

　それは窪んだ地形が多いこと。マンホールから水が流れる音がごうごう聞こえたりして、なんだか湿っぽい気もする。そしてたどり着くまでには階段や坂を下ることも多い。そうした目線で東京を見てみたら、街の凹凸が俄然気になってきたのです。

　ただ「街の凹凸を知りたい」と思った時、果たして私には何の知識もありませんでした。そこで新宿の紀伊國屋書店の地図コーナーに行き、まずは地形図を買ってきました。家に戻り地形図上の〝等しい高さを結ぶ〟等高線をたどってみたところ、特に都心部では建物や道路がひしめき合い、うっかり見失ってしまうほどたどりづらい。そこで身近な場所から等高線を境に塗り分けてみたのです。

「渋谷は標高10m。代々木公園は標高35m。こんなに近いのに25mも差があるとは！」などといちいち驚きつつ、一日中作業しているうちにいつしか気分は塗り絵ハイ。ただ凹凸を知るつもりで始めたはず

1/25000地形図「東京西南部」。５m間隔の等高線を境に塗り分ける。

の色塗りでしたが、次第に等高線の存在がひどく気に掛かるようになってきました。

　そこで次は地形図を片手に街へ出て、５m間隔で引かれた等高線を何本越えられるかを試してみました。すると坂の多い東京の街、一度下って次の丘に上るだけでも5本くらいはゆうゆう越えられることが判明。調子に乗って次は等高線の上を歩いてみようと、まずは地図上の等高線の場所を見定め、その位置に立ち、現実と地図を見比べながら、線に沿って足を運び始めますが……、進行方向には次々と建物が立ちはだかり、試みはあっけなく頓挫しました。

　この時、地図上に描かれた等高線はあくまで記号でしかなく、現実には存在しないことを実感します。「街に等高線が引けたらいいのに」と、当時より噂になっていたＡＲ（拡張現実）メガネがもし開発されたら、等高線を映して街を歩きたいという妄想すら抱くように。こうして地図上の記号に引っ張られて、現実には存在しない等高線の魅力にすっかり傾倒していくようになります。

地下空間への煩悶

　ほどなくして街の垂直方向への興味は、地下にも及びます。きっかけは、初めて降りる地下鉄駅で出口から外へ出た後に、方向も場所も分からず右往左往した経験でした。東京の地下鉄通路は複雑に絡み合いまるで迷路のようで、特に新参者の私はただ行き先指示に従って進むしかありません。それなのに地上に出た瞬間に、「方向と場所を認識！」なんてすぐに切り替えられず、表示板の前で立ちすくむよりほかなかったのです。

　その時、「地下空間把握能力って鍛えられるものなのだろうか？」と疑問に感じた私は、地下でも方向と場所の感覚をキープしようと積極的に試みました。幾度も曲がる階段で方角を保とうとしたり、自分のいる場所が地上のどこにあたるか想像してみましたが、結果はことごとく惨敗。より地下と地上との断絶感を噛みしめました。

　思えば地下は不思議な空間です。本当は自分が歩いている地面の下にぽっかり穴があいていて、そこを地下鉄が走っているかもしれないのに、外側からは見ることができない。内部空間しかないその地下鉄を〝外側〟から眺めることができたらいいのに、と地下鉄チューブがぐねぐねと絡まる姿をぼんやりと想像しました。当時ちょうど等高線の面白さにはまっていた私は、地下空間も同じように図にしてみよう、と思いつきます。

　そこで、まずは地下鉄博物館の図書室を訪ねてみたところ、幸先よく地下鉄駅の出入口からホームまでの高さのデータが記された本を見つけることができました。都営地下鉄のデータはＨＰに掲載されて

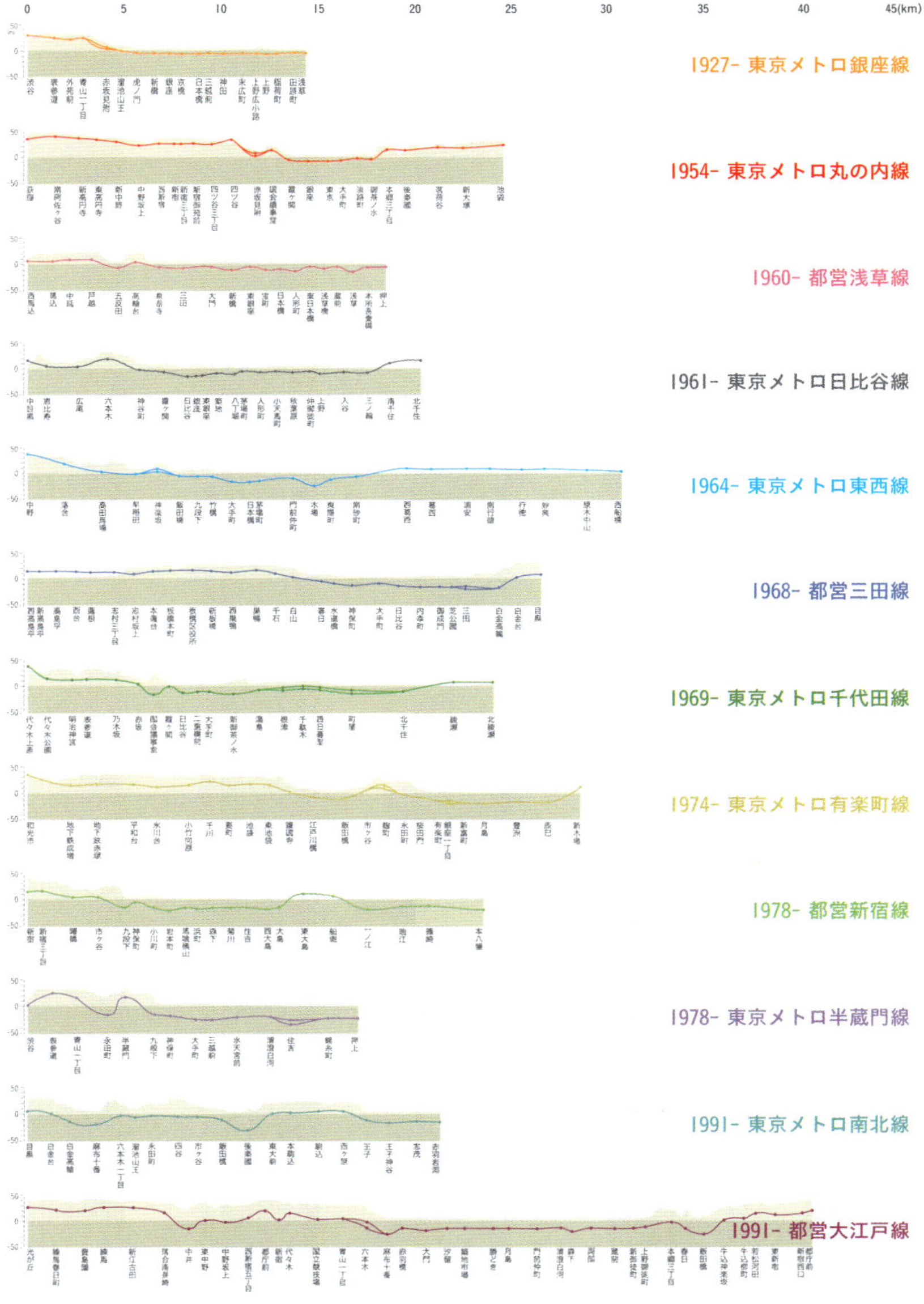

「東京地下鉄12線縦断図」／2007。12線は開業された年順に並べている。
時代が新しくなるほどに地下深く掘られていくようになるのが分かる。

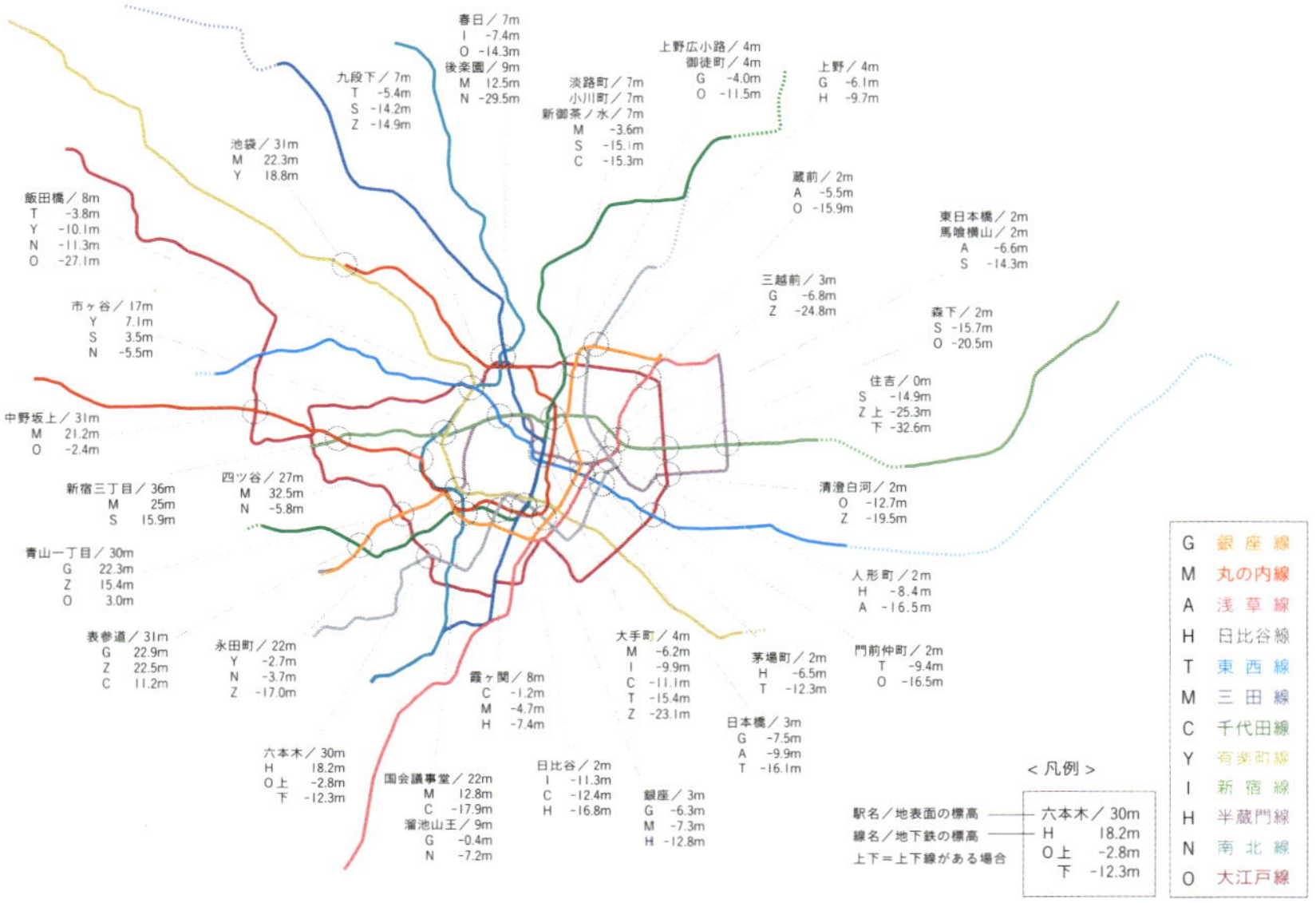

「東京地下鉄交差点標高マップ」／2007。一番交差が多いのが日本橋駅の5線、次が飯田橋駅の4線。東京の地下鉄の過密ぶりが見て取れる。

いたものを難なく入手。駅の標高と駅間距離のデータは、当時アルプス社が実験的に運用していたルート共有サイト「ALPS Lab route」で調べられることが分かり、これでデータは全て揃いました。

試行錯誤の末、縦軸を標高、横軸を距離で表した「東京地下鉄12線縦断図」と、地下鉄線同士の上下関係が分かる平面図「東京地下鉄交差点標高マップ」が完成。これが自分でつくった初めての地図でしたが、こうして身近なはずなのに見ることができない場所を可視化する面白さは、想像をはるかに超えるものでした。

早速、2枚の図を持って地下鉄に乗り込みました。ただ、図を見比べながら地下鉄チューブを進むほどに、わくわくしていた気持ちが少しずつしぼんでいきました……。そう、図や数値から得られる情報だけでは、なるほどとは思うものの、頭でイメージしていた図像にはなかなか結びつかないのです。「どうしたらもっと実感できるのだろう？」とこの時抱えた地下空間に対するもどかしさは、その後もずっと消えないまま、「東京駅地下網観察記録」や3章の「地層ムース」へとつながっていきます。

サイケデリック・カシミール

「カシミール３Ｄ」を使った、立体的な地形表現が施された地図の存在を知ったのは、ランドスケープアーキテクトの石川初さんが制作した、東京都心部の〝陰影段彩図〟を見たことからでした。陰影段彩図とは、標高ごとに異なる色で表し、同時に陰影を重ねたものです。以前自分で色を塗った地形図は〝段彩図〟にあたるわけですが、そこに陰影が重ねられるとこんなにも凹凸が浮き上がってくるとは！　と衝撃を受けました。

　石川さんは、１章の「ＧＰＳカリグラフィ」でも紹介したように、現代のテクノロジーを個人の興味にぐっと引き寄せて、見たこともない都市の姿を次々と提示する人物です。その石川さんから「カシミール３Ｄは今すぐインストールすべき」と薦めてもらい、私も実践してみることにしました。

　「カシミール３Ｄ」とは、無償で誰でも使うことができるＧＩＳ（地理情報システム）ソフト。主な機能としては、前述のような凹凸を表す陰影段彩図が作成できたり、鳥瞰図が描けたり、またＧＰＳデータを地図上に重ねることもできる、地形好きにとってはまさに魔法のようなソフトなのです。

　この「カシミール３Ｄ」では陰影段彩図を制作する際、標高ごとに独自の色を自由に設定できます。そこで無作為に色を選んでクリックしてみたら、突如サイケデリックな東京の姿が浮かび上がってきました。

　初めは単なる色遊びだったのですが、出てきた画像のインパクトの強さにすっかり夢中になりました。渋谷川のとぐろを巻いた姿を必要以上におどろおどろしく見せたり、台地と低地のコントラストを強くしたり、と地形の姿を変化させることに躍起になっていたら、あっという間に時間が過ぎていきました。

この時、東京の姿をクリックひとつで塗り替えられるその簡便さに驚くとともに、テクノロジーの恩恵を強く実感しました。

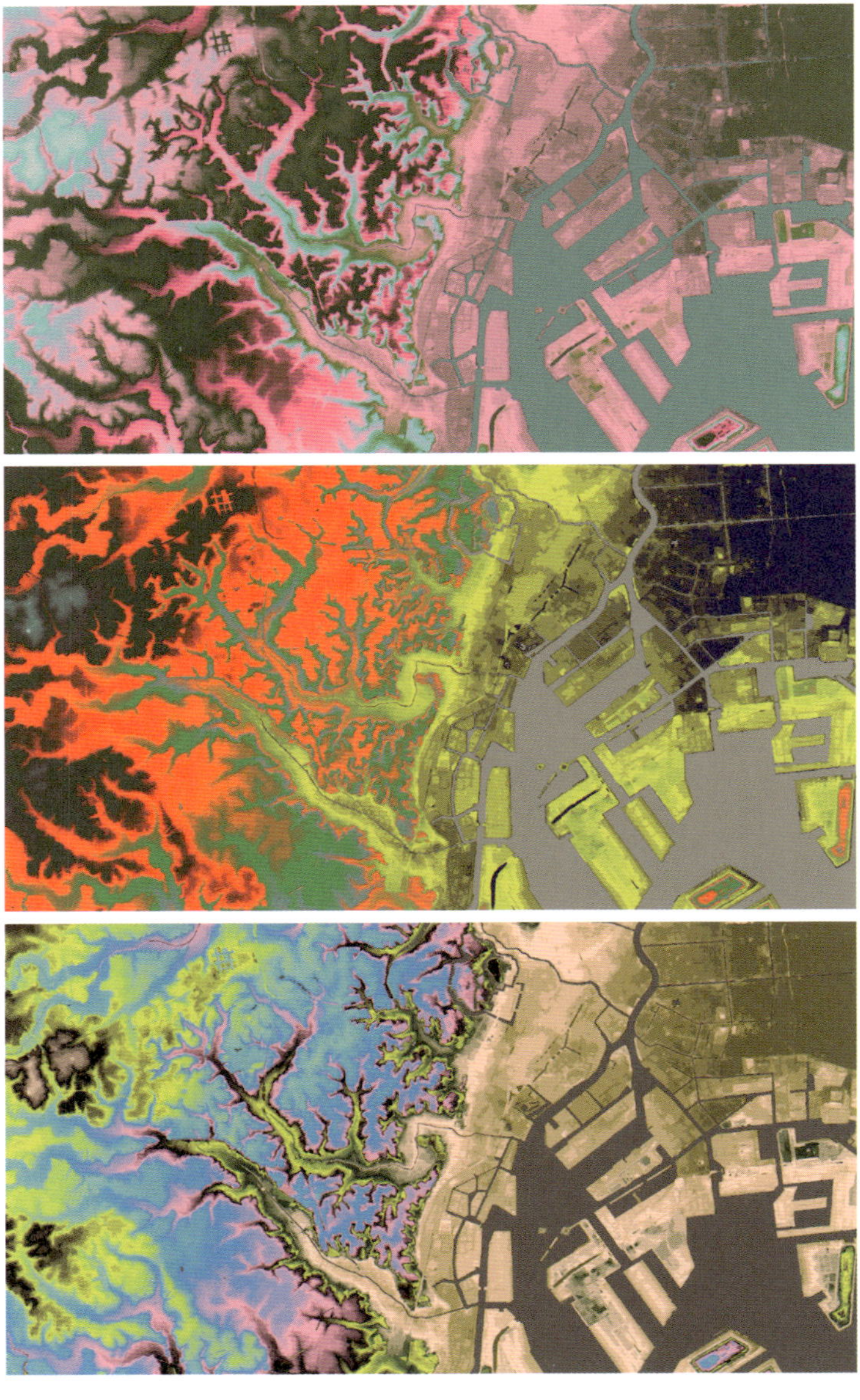

「カシミール3D」ソフトによって作成した陰影段彩図／2008。
サイケデリックバージョン3選。

凹凸を愛でる

２０１０年に入り、「東京スリバチ学会」を主催する皆川典久さんから、地形をテーマにした書籍の相談を受けました。〝スリバチ〟とは、台地に刻まれた谷や窪などの凹んだ地形のことで、その名の由来は料理に使う〝すり鉢〟に似ていることから。皆川さんはこうしたスリバチを探し求めて２００３年から東京のフィールドワークを続けていました。

　地形に関心のあった私も、同好の士を見つけたとばかりに２００７年から参加していましたが、そのフィールドワークとは、一日中地形のヘリを上ったり下ったりの繰り返しで、等高線だったら50本はゆうに越えるほど。それまで似たようなことを独り続けていた身としては、分かち合える仲間がいる喜びをひしひしと感じていました。

　皆川さんは、わずかな窪みや階段、湧水、井戸など、地形に結びつきそうな手がかりは決して見逃しません。そしてフィールドワークが終わった後は文献を当たり、気になる点について検証するため再度街へ出る。その繰り返しによる知識の蓄積は膨大なものになっていました。

　そうした皆川さんのこれまでの活動を1冊の本にまとめようとする企画です。地形の凹凸が分かりやすいのはもちろんのこと、実際に街を歩く時に使える地図にしようと相談を重ねました。

　制作中は何度も陰影段彩図の色調整をしながら、エリアごとの凹凸が分かりやすくなるようつぶさに地形を見たことで、改めてその成り立ちの面白さを実感。東京中に気になる凹凸を見つけ、「街へ出たい……」とむずむずしながら作業をしました。

　次ページでは実際に書籍に掲載した「渋谷凹凸地形図」がどのような構成になっているのか、地図を主要なレイヤーごとに分解してみました。陰影段彩図レイヤーの上に、川・池・水路レイヤー、道路レイヤー、鉄道レイヤー、ランドマーク注記レイヤー、そして本のテーマに即したレイヤーを重ねています。この図を見ると改めて、地図が幾層もの情報を重ねることでできていることが分かります。

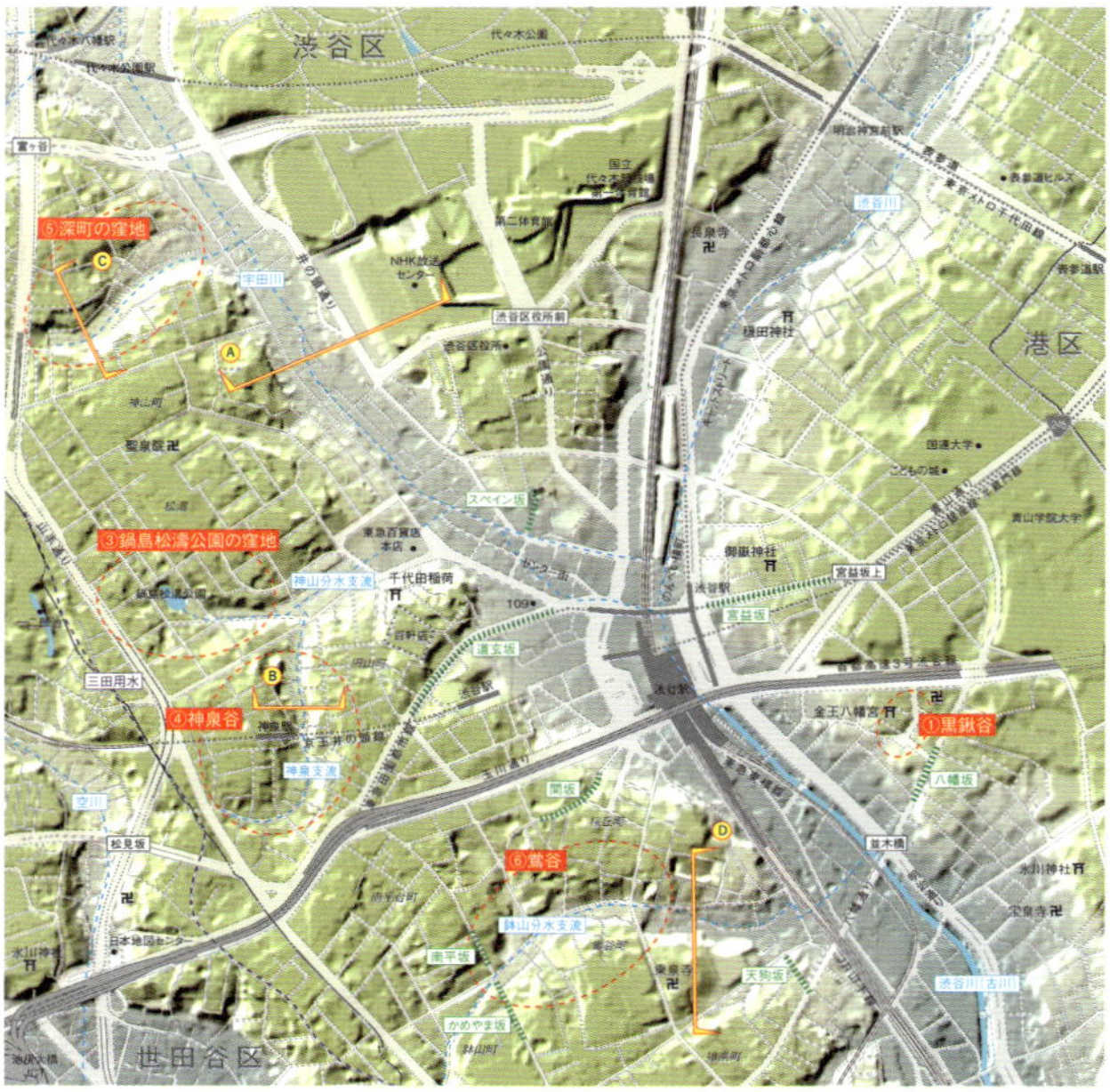

「渋谷凹凸地形図」／ 2011
『凹凸を楽しむ
東京「スリバチ」地形散歩』
（洋泉社）収録
著者 : 皆川典久
ブックデザイン : 内川たくや
地図制作 : 杉浦

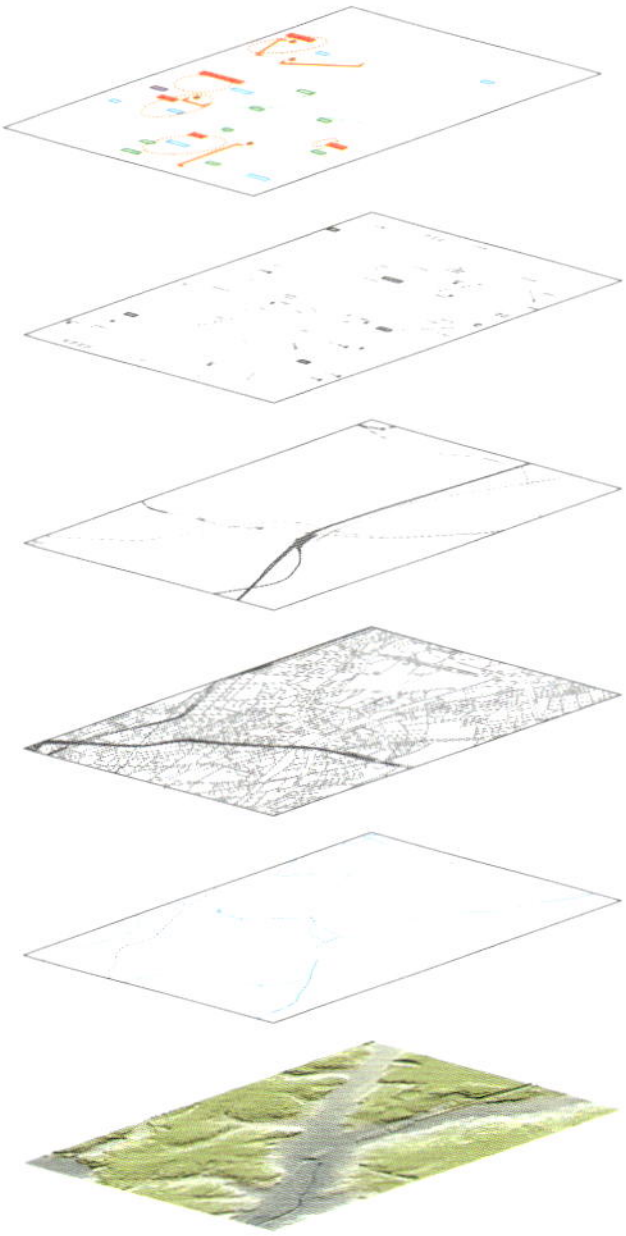

6　テーマ注記レイヤー

5　ランドマーク注記レイヤー

4　鉄道レイヤー

3　道路レイヤー

2　川・池・水路レイヤー

1　陰影段彩図レイヤー

東京インフォグラフィックス

２０１２年３月、地形好きの間で話題になったデータの公開がありました。それは「航空レーザ測量」による標高データ、「数値標高モデル５ｍメッシュ」の全国広域版です。

なんだか耳慣れない言葉が羅列されていますが、まず「航空レーザ測量」とは、測量用飛行機で空からレーザ光を照射し、地表に当たって跳ね返る時間で、高さ方向の距離を測定するもの。そこで得られたデータから、構造物や樹木などを取り除いたものが「数値標高モデル」です。この「数値標高モデル」を「カシミール３Ｄ」ソフトに読み込むことによって、前ページまでに紹介したような陰影段彩図をつくることができるのです。

なかでも詳細な陰影段彩図を表すことができる「５ｍメッシュ」は、東京23区部や大阪、名古屋などの都心部しか公開されておらず、これまでは局所的にしかその姿を見ることができませんでした。

５ｍメッシュの全国広域版が公開されると、私もすぐさまデータをダウンロードし、これまで範囲外

「JR山手線縦断図」／2012
『東京人』314号（都市出版社）収録
地図制作：深澤晃平・杉浦

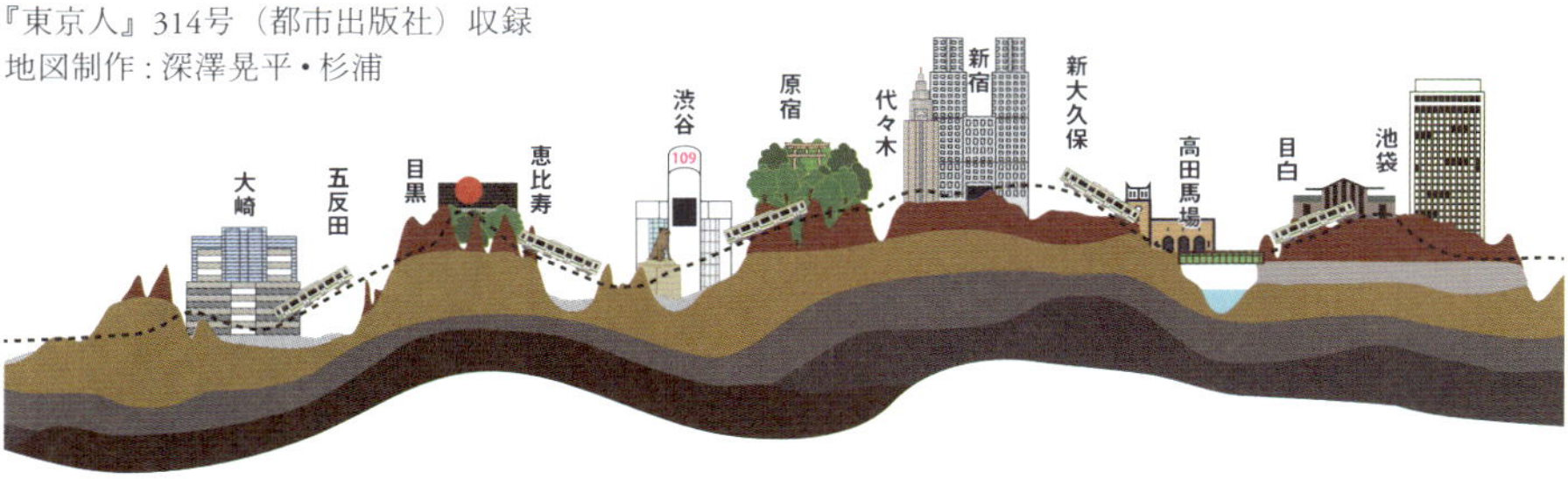

だった吉祥寺より西側、多摩地方の詳細な陰影段彩図をじっくり眺めます。そしてズームイン＆ズームアウトを繰り返しながら、都心から継ぎ目なくつながっていく、今までずっと見たかった広域の東京地形を堪能しました。

ちょうどこのタイミングで、雑誌『東京人』で組まれた地形特集の地図を担当することに。巻頭用に、さっそくこの標高データを使って「東京広域地形地図」を制作しました。

また表紙用として「ＪＲ山手線縦断図」も制作しました。ここでは山手線の標高断面に、地上には東京を象徴するランドマークと、地下には模式的な地質を重ねました。東京タワーや都庁などよく知っている東京のシンボルと、普段はその全貌があまり意識されない地形や地質を結びつけて可視化した図です。

これら2点の地図は深澤晃平さんと共同して制作しました。深澤さんは東京の地形にかねてより興味を持ち、中沢新一さんの著書『アースダイバー』の地図制作や、貝塚爽平さんの著書『東京の自然史』の文庫化を担当した人物。こうして興味が近い者同士でチームを組むことで、制作の幅も少しずつ広がっていきました。

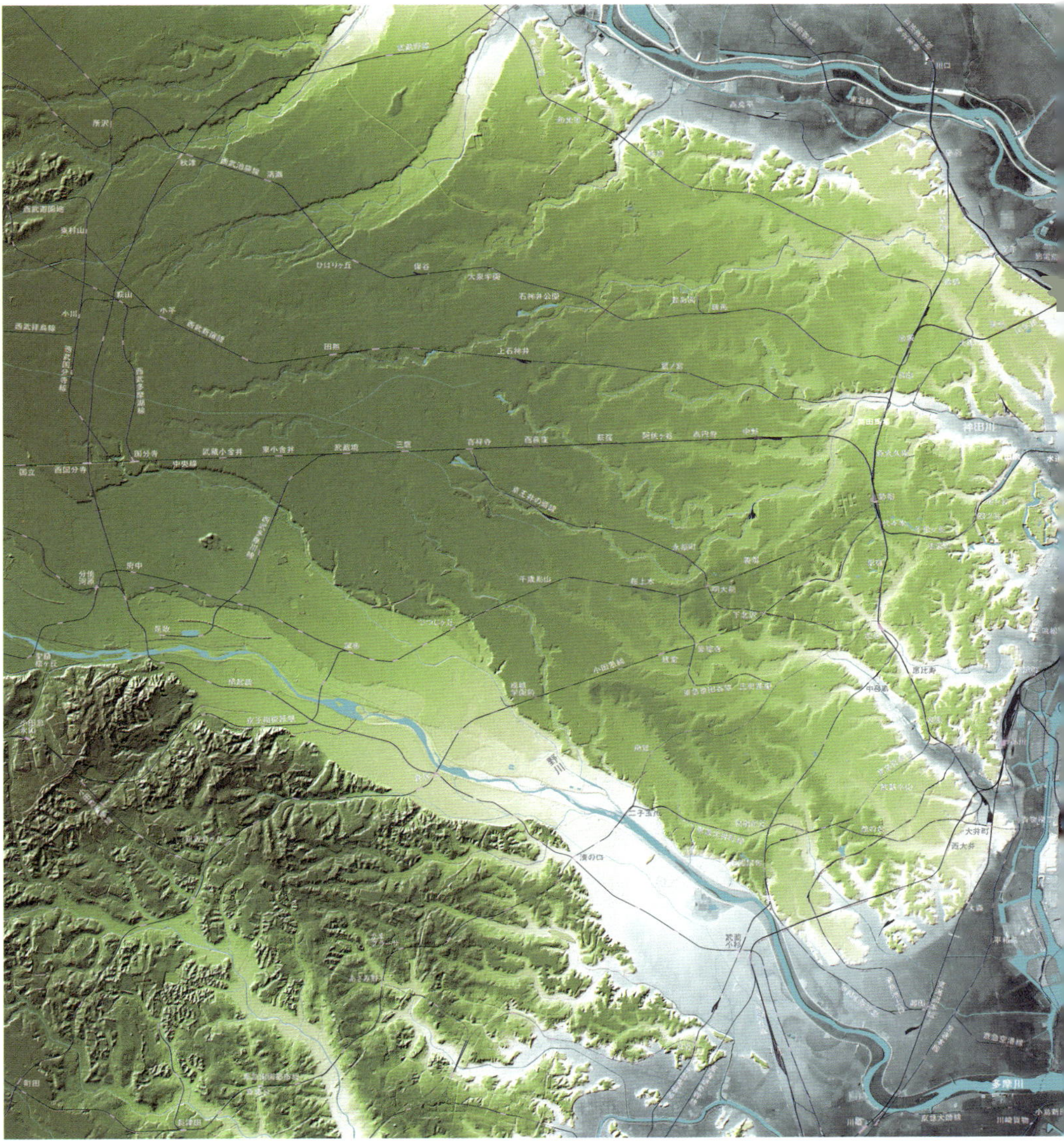

「東京広域地形地図」／ 2012
『東京人』314号（都市出版社）収録　地図制作 : 深澤晃平・杉浦

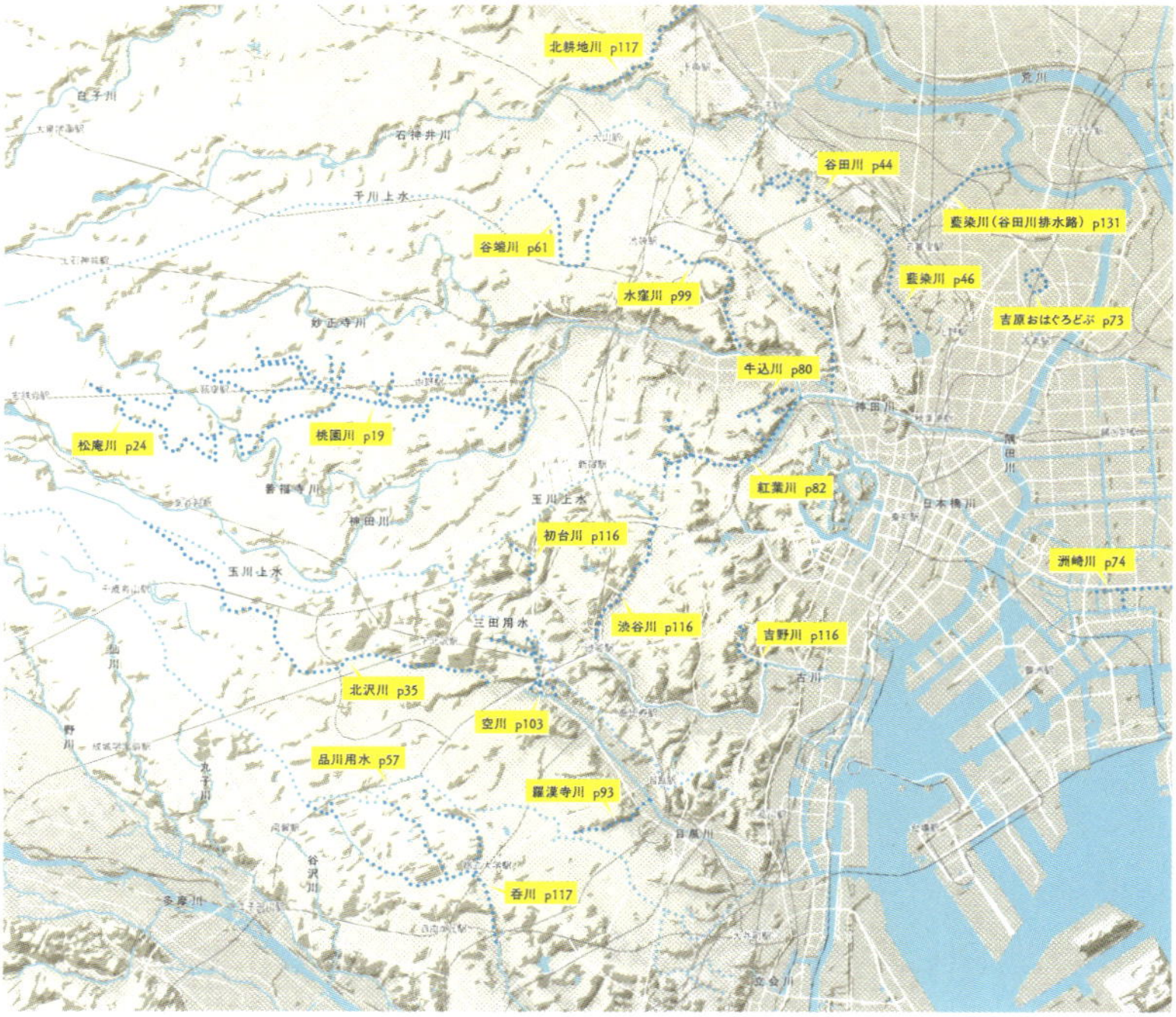

「暗渠地形地図」東京広域 ／ 2015 『暗渠マニアック！』（柏書房）収録　著者：吉村生・高山英男
ブックデザイン：LABORATORIES 加藤賢策・内田あみか　地図制作：杉浦・深澤晃平

地形表現を模索する

２０１５年に入り、「暗渠をテーマとした本の地図をつくってもらえませんか」と、著者の吉村生さんと高山英男さんから依頼を受けます。暗渠とは、地中に埋設された河川や水路のこと。著者の二人は、こうした暗渠に様々な魅力を見出し、独自の目線で情報を発信してきた人たちです。

私もくねくねと曲がった細い道が好きですが、そうした道はたいていが暗渠だったりして、これまで親和性を感じてきた対象でした。暗渠は谷地を流れる川に蓋をしたものであることが多く、著者の二人からも「暗渠と地形の関係が分かりやすい地図を」とのリクエストを受けました。

元々、山地に比べて標高差の少ない都市の地形を表すのは難しかったのですが、「カシミール３Ｄ」などのＧＩＳソフトの登場によって、私たちはその起伏に富んだ姿を知ることができるようになりました。ただ、従来の陰影段彩図では、標高の高い場所を濃緑、平坦部をベージュ、低地を水色にするなど、山をイメージする色を使うスタイルを踏襲してきたことで、どこか都市の実感から離れてしまっているような気もしていたのです。

また、陰影段彩図そのものがぱっと目を惹くような影や色を持つ画像のため、他の情報が目立ちにくいという難点もありました。この時は、暗渠や川など、水にまつわる情報を一番に伝えたいことから、地形表現を抑えめにする必要もあったのです。

そこで、これまでとは別の手法で地形を表すことはできないだろうかと、書籍のデザイナーであるLABORATORIESの加藤賢策さんと内田あみかさんに相談しました。話し合いのなかから出てきた方向性は、ドット（点）を地紋に使って標高差を単一色のグラデーションで表現すること。その後、試行錯誤を重ねて生まれたのが、ドットの大きさと色の濃度による変化で標高差を表し、そこに陰影を重ねた「暗渠地形地図」でした。

この手法は、標高の詳細を知ろうとするには不向きですが、この時のようにテーマがはっきりある場合には適した表現です。これまで主に目立っていた地形が、この図ではテーマの引き立て役となっています。68ページの「東京広域地形地図」とほぼ同じエリアですが、見比べてみるとまったく違う図になりました。

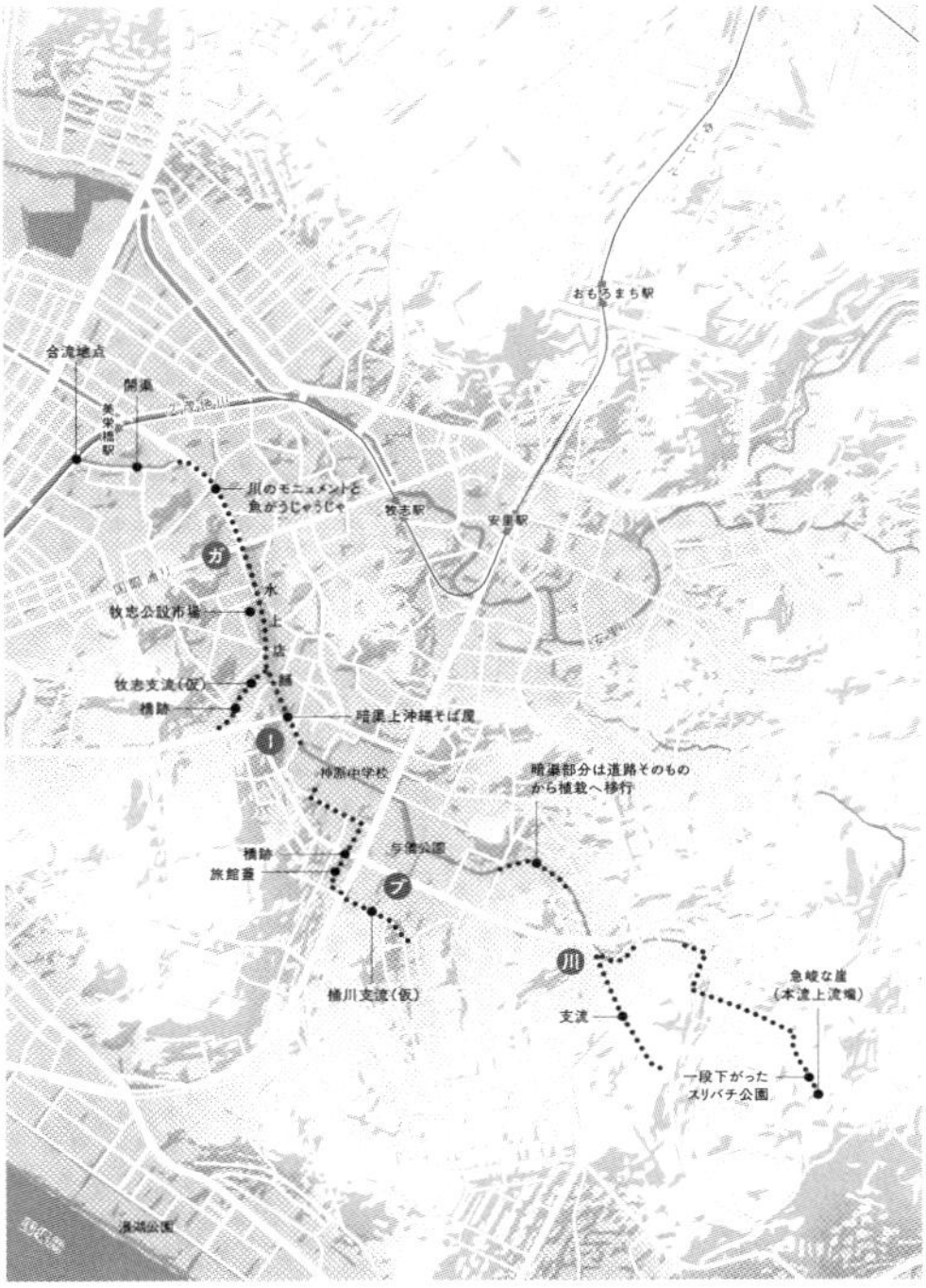

「暗渠地形地図」沖縄／2015。本の構成上、カラーページと白黒ページの両方に地図を掲載することになっていたのも、単一色のドットで表現することになった理由のひとつ。

そのほか、こんな地図をつくってきました

これまで私がつくってきた地形表現に関する地図を
年代順にご紹介してきましたが、
以下ではその他の制作例をいくつかご紹介します。

「葛飾今昔まちあるき
東京スカイツリー®ビューマップ』
お花茶屋・青戸編 ／ 2012
発行：葛飾区　企画＆編集：田邊寛子
デザイン：きだみどり
イラスト：なかむらるみ
執筆&編集：浦島茂世
執筆＆地図制作＆編集：杉浦

企画段階から関わった東京都葛飾区の観光ガイドマップ制作。調査に半年の期間を充て、街を歩きまわるうちに、すっかり自分が葛飾の虜に。葛飾区は観光的な見どころが豊富な上、銭湯や居酒屋なども充実しています。A4サイズ34ページの冊子形式で、当時開業間近だったスカイツリーがよく映える場所とともに、葛飾区の歴史を紹介しました。

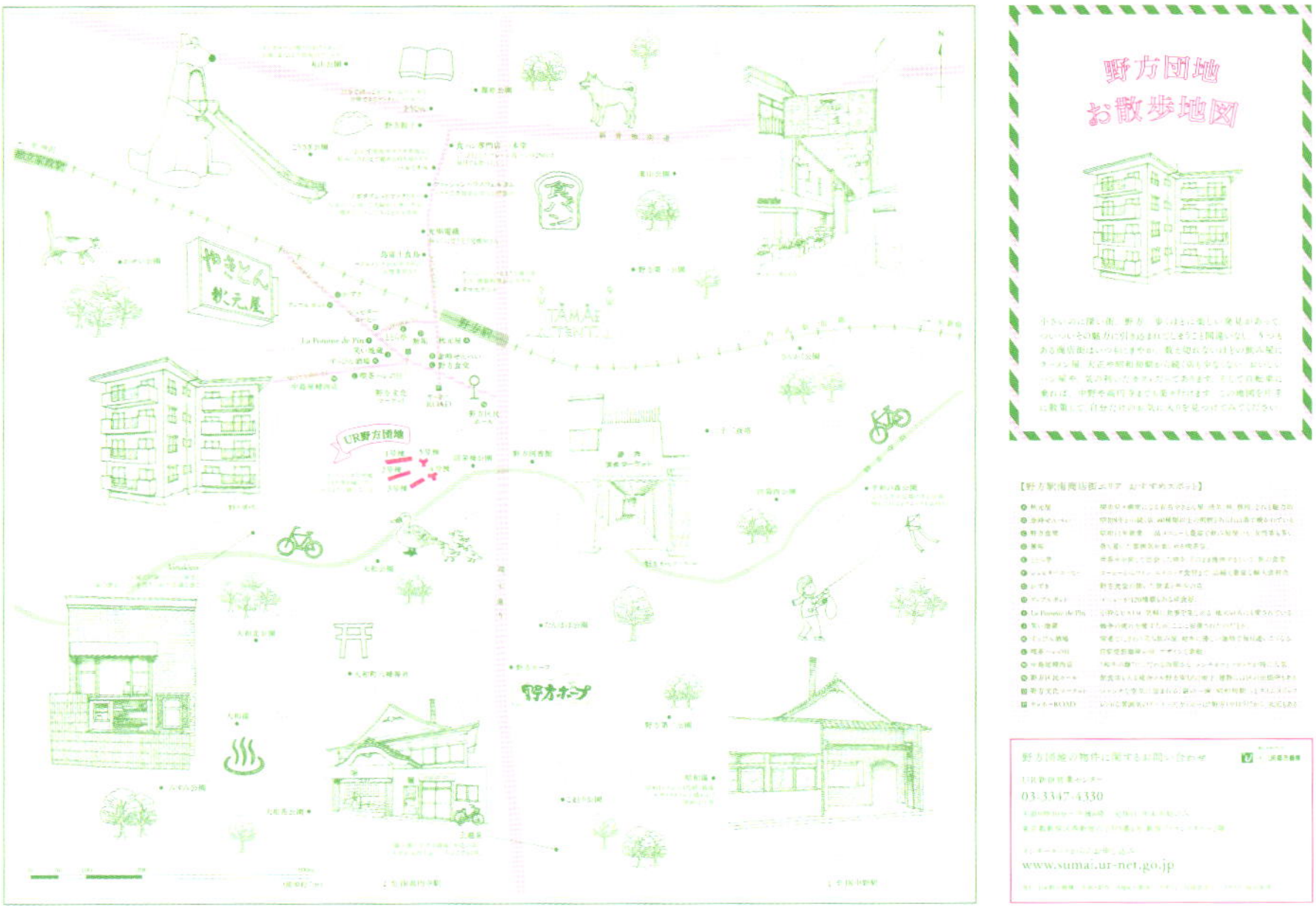

野方団地に引越しを考えている人に向け、日常使いできるお店や、気持ちの良い公園の場所の紹介など、暮らす目線でつくったガイドマップです。野方は商店街が5つもあり、道もくねくねと曲がっていて、歩くほどに発見がある楽しい街。そこで「お散歩地図」と名付け、気軽にポケットにひょいと入れられるよう、A3を8つ折りにしました。

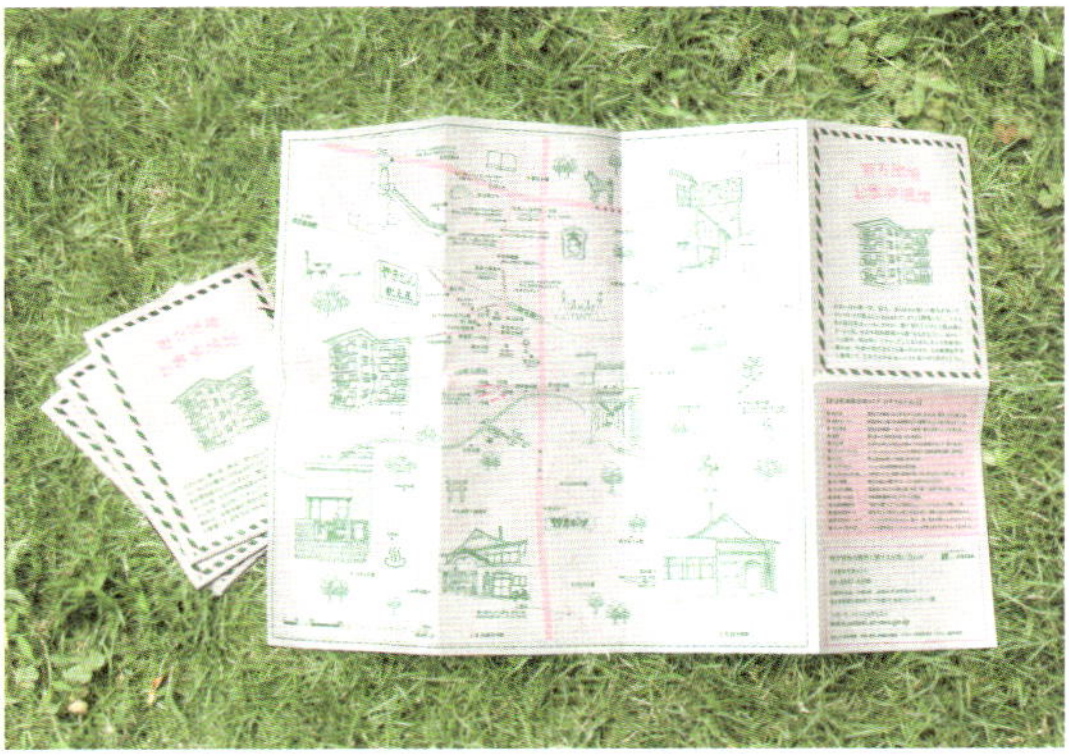

「野方団地お散歩地図」／2015
発行：UR都市再生機構
企画編集：団地R不動産
イラスト：福井亜啓
デザイン＆地図制作：杉浦

“ドボク”という括りで、橋、水路、水門、団地、ガソリンスタンド、地形の見どころを紹介したテーマ性の強いガイドマップです。いわゆる普通の観光名所はどこも載っていません。ただ、各ガイドのコメントを読みつつ歩くと、街の見え方ががらっと変わるのが面白い。A3を2回折り込むことで、片面は地図、片面が表紙とコラムとなるよう構成しました。

「江東ドボク新観光マップ」／2011
発行：深川東京モダン館
編集＆デザイン＆地図制作：杉浦

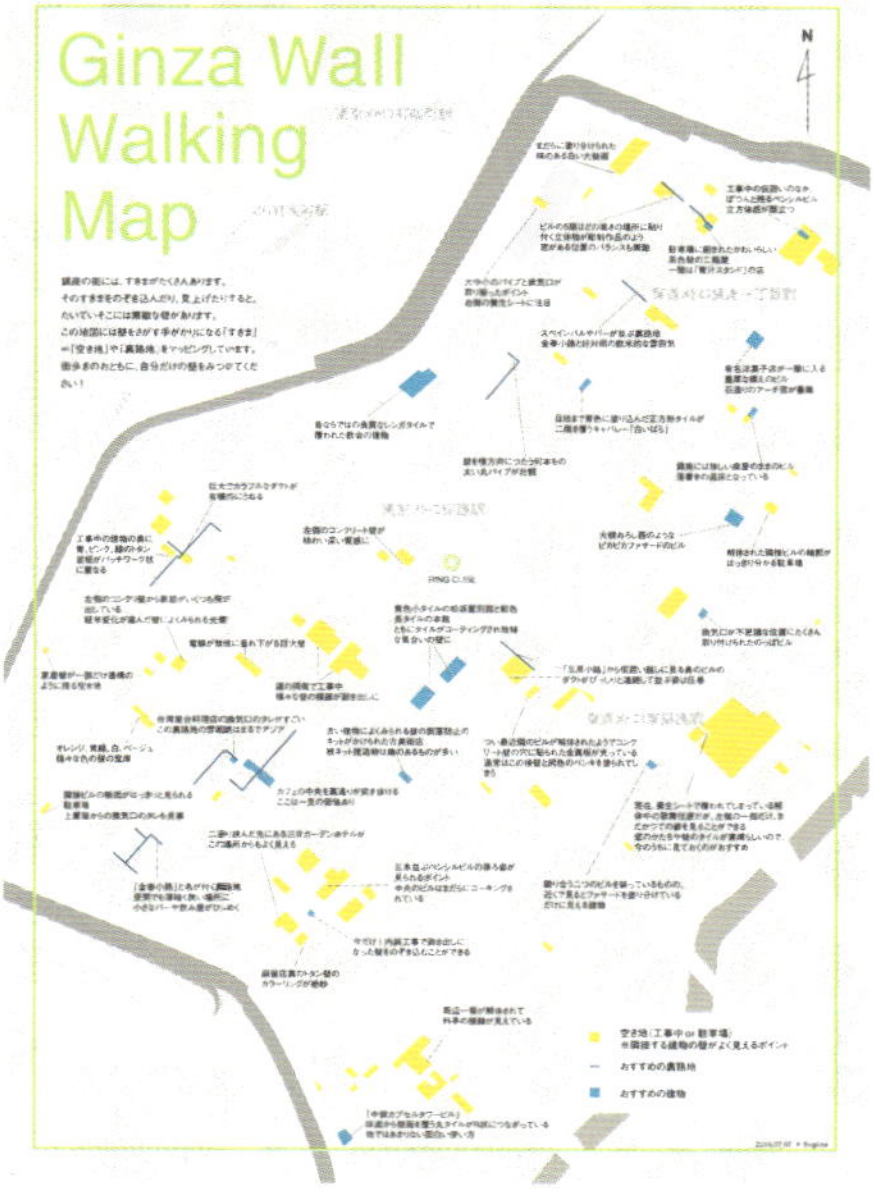

銀座のリコーギャラリーにて、“壁”写真の個展を開催した時に制作した地図です。銀座のきらびやかなイメージとは裏腹に、建物のスクラップ＆ビルドの多い銀座は、実は味のある壁の宝庫でもあります。そこで来場者の方に、おすすめの“壁”ポイントを紹介しようと、銀座の通りをくまなく歩いて調べた結果を地図にまとめました。

「Ginza Wall Walking Map」／2012
発行：リコー　企画&編集&地図制作：杉浦

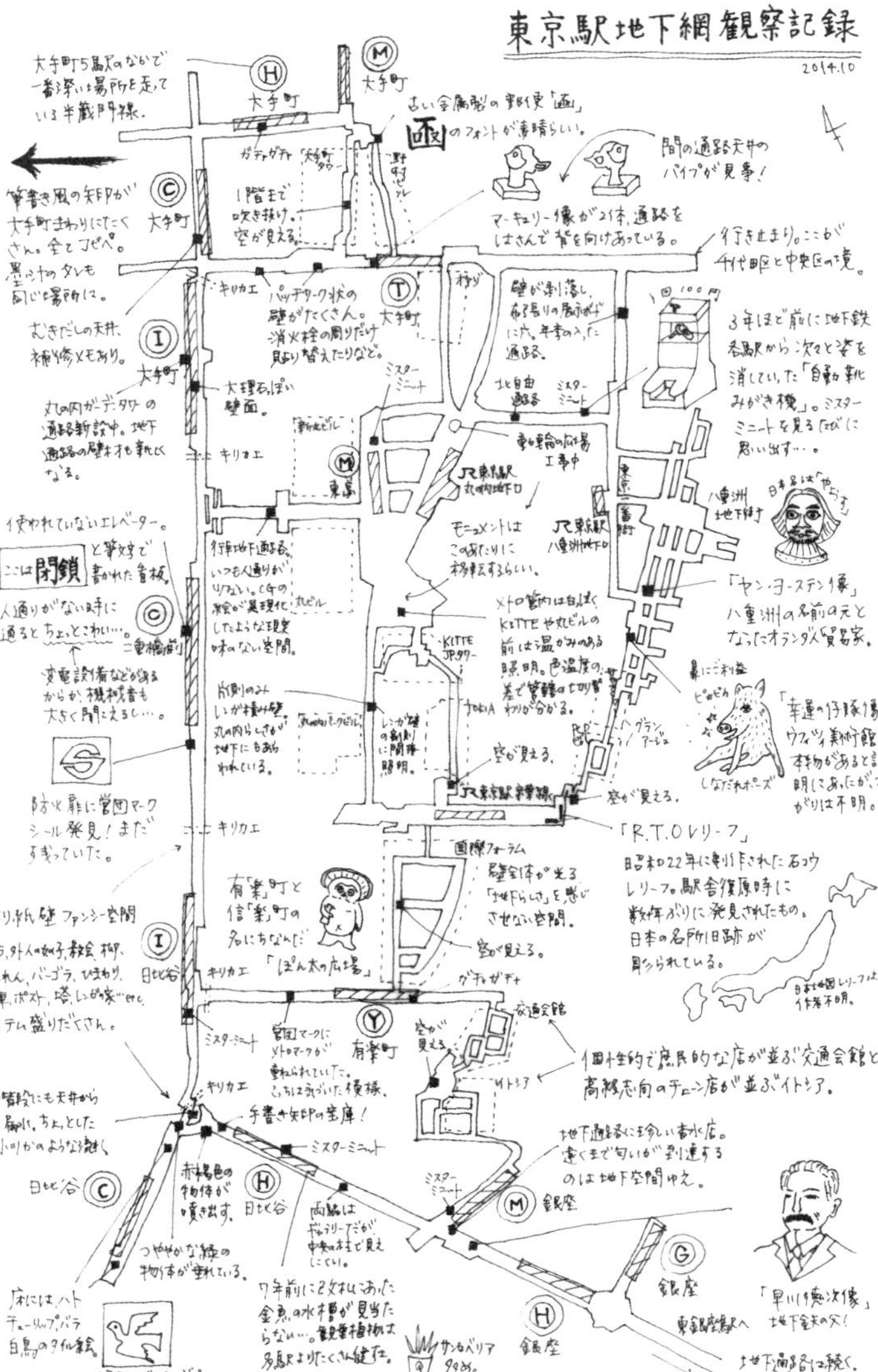

地下空間への興味はずっと続いています。この時は「東京駅の地下空間」をテーマにした原稿にあわせた地図を手描きしました。地下通路を1本にして伸ばすと実は約10kmにもなる東京駅の地下。行き止まりの多い迷路のような空間を表そうと、地下通路のみを書き込み、歩きまわりながら取った観察メモをそのまま清書してみました。

「東京駅地下網観察記録」／2015 『東京人』348号（都市出版社）収録
制作&編集&イラスト：杉浦

デジタル“時層”地図

２００８年に初めてiPhoneを購入しました。世界的に大きなニュースとなった発売から1年経ち、所有する人がちらほら増えてきた頃のこと。購入のきっかけは、「地図アプリのモニターをやってみませんか」と、エンジニアの友人、元永二朗さんに誘われたことからでした。

そのアプリとは、（一財）日本地図センターと元永さんが共同で開発した「東京時層地図」のテスト版。明治から現在までの7枚の地図＋陰影段彩図を瞬時に切り替えられ、iPhoneに搭載されているＧＰＳ機能により自分がその地図上でどの場所にいるのか同定できるアプリです。

テスト版のモニターとして初めて使った時の驚きは今でもよく覚えています。それまで現地で古地図を広げてみても、自分が地図上のどこにいるのか分からなかったのに、アプリを起動するだけで「ここは明治時代には川だったのか！」などと瞬時に判明してしまう。それだけでも衝撃的でしたが、加えて陰影段彩図とともに歩くと、建物や木々を取り払った剥き出しの東京の姿が見えてくるようで、そのかつてない感覚にはぞくっと鳥肌が立ったほどでした。

当時はまだ地図アプリの黎明期だったこともあり、２０１０年9月に発売が開始されるやいなや、人々の驚きや喜びがｗｅｂを通してたくさん伝わってきました。２０１３年にはiPad版も発売。分割して２つの地図を同時に表示する機能が追加されたことにより、新旧見比べながら街を歩くこともできるようになりました。

年を追うごとにデジタル地図はますます便利になり、こうした地図アプリによる新たな体験は私たちをわくわくさせてくれます。そして重宝されるほどにアナログの紙地図と比較されることも多くなりましたが、この２つはどちらかを選ぶというものではなく、役割が違うように思います。
デジタル地図が示すのは任意の点を中心とする位置表示であり、拡大縮小することができるぶん全体像を掴みにくい。それに対し紙地図は一覧性があって全貌を掴みやすいですが、携帯性が低い。

そうした長所・短所を補い合うことで、デジタル地図によってこれまで知り得なかった世界に飛び込みながらも、あわせて紙地図の恩恵も享受する。より豊かな地図体験ができる幸運な時代に私たちはいるのです。

「東京時層地図」アプリの起動画面。

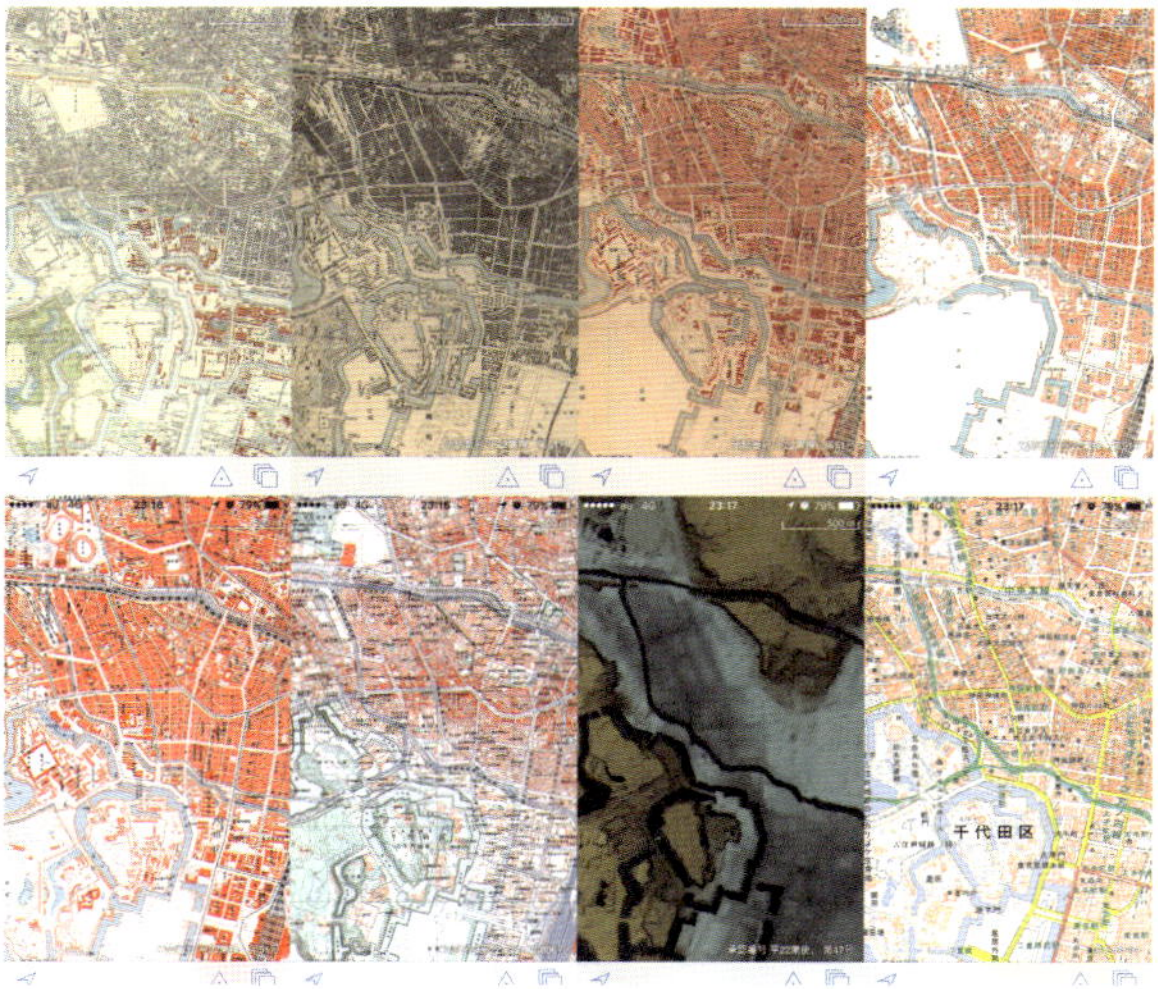

アプリに収録されている古地図6種と陰影段彩図、地理院地図を同位置同縮尺で比較。（上：左→右）文明開化期、明治の終わり、関東地震直前、昭和戦前期。（下：左→右）戦後転換期、バブル期、陰影段彩図、地理院地図。

手描き地図師に会いに行く

ある資料館で見かけた1枚の絵地図。グラフィカルな色づかいと味のある筆致に思わず釘付けになってしまいました。しばらく頭から離れず、その後方々に尋ねること3年。念願叶って、その地図の作者である増田善之助さんにお会いする機会を得ることができました。

増田さんは当時86歳。半世紀以上ずっと地図を描き続けてきました。きっかけは郷土史に興味を持ったことからで、調べたことを整理する手段として地図をつくり始めたとのこと。〝地図をつくる〟と言っても、コンピューターも何もなかった時代です。趣味でたやすく手を出せるようなものではありませんでした。

けれども増田さんは地図づくりに必要な技術や身体を持ち合わせていたのです。仕事として土木技術職に就いていたことから、図面を引くことも多く、地図を描くための製図技術がありました。そして、子どもの頃から絵を描くのが得意で、また、街を歩き回れるだけの健脚でもありました。こうした土台があるなかで、郷土史への興味を深めていった結果が、すばらしい絵地図だったのです。

調査から完成まで、1枚の地図にかかる日数はおよそ3カ月から半年ほどで、制作総数はゆうに１００枚を超えています。修正が簡単なデジタルの地図とは違い、全てが手作業。これを増田さんは丁寧にこつこつと続けてきました。あまりにも緻密で膨大な作業の連続。お話を伺っていくうちに、目の前にある絵地図が途方もない情熱を持った塊に見えてきました。

制作の上で特に配慮していることを尋ねると、「分かりやすいこと！」と即答が返ってきました。そう、増田さんの地図は極めて分かりやすい。

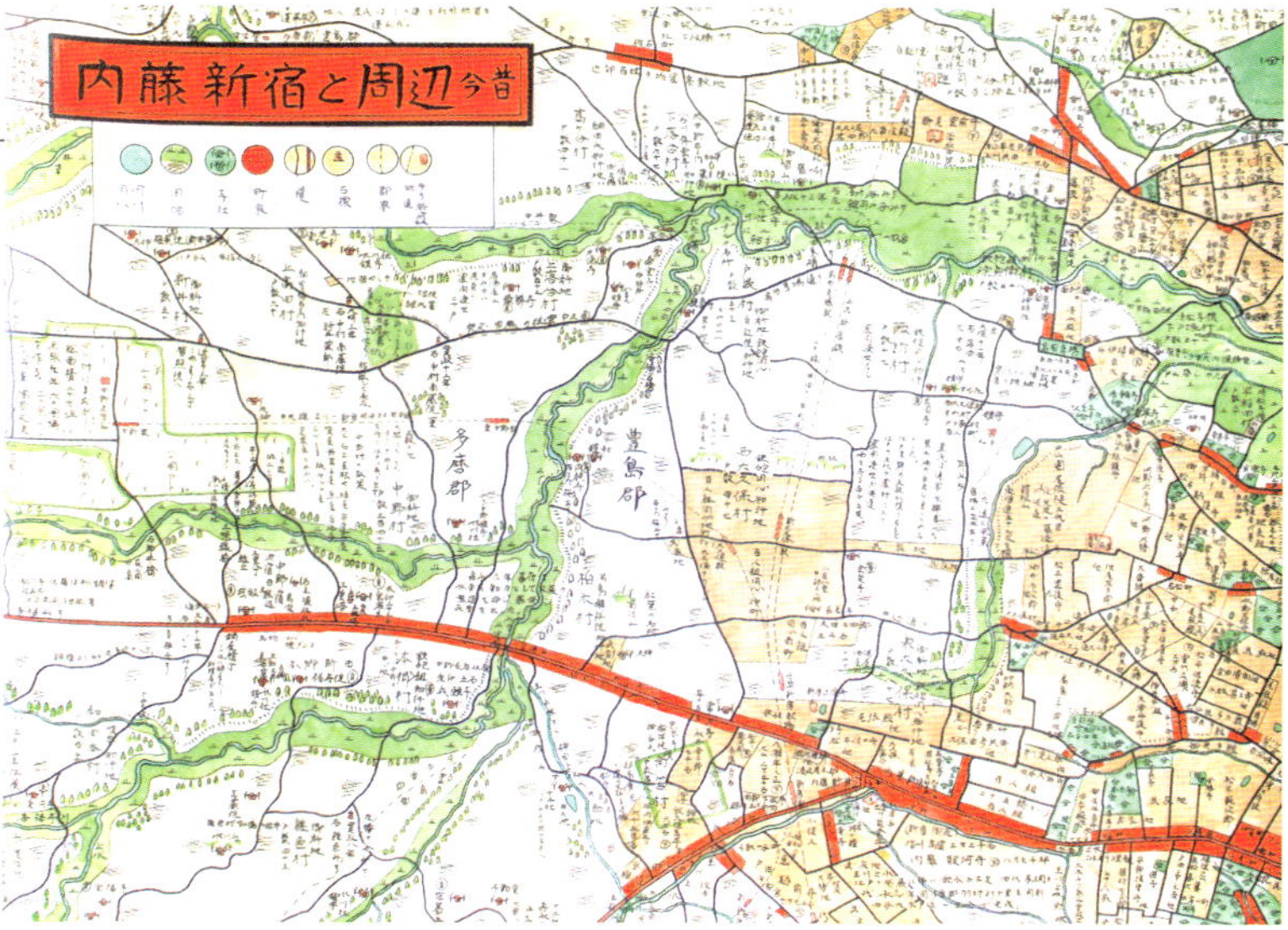

「内藤新宿と周辺今昔」。今昔と銘打った地図は、設定された時代に加え、描いた当時の情報が載っている増田さんオリジナル。その場所が現在のどこなのかが分かるように、点線で電車の路線や主要な建物などが付け加えられている。

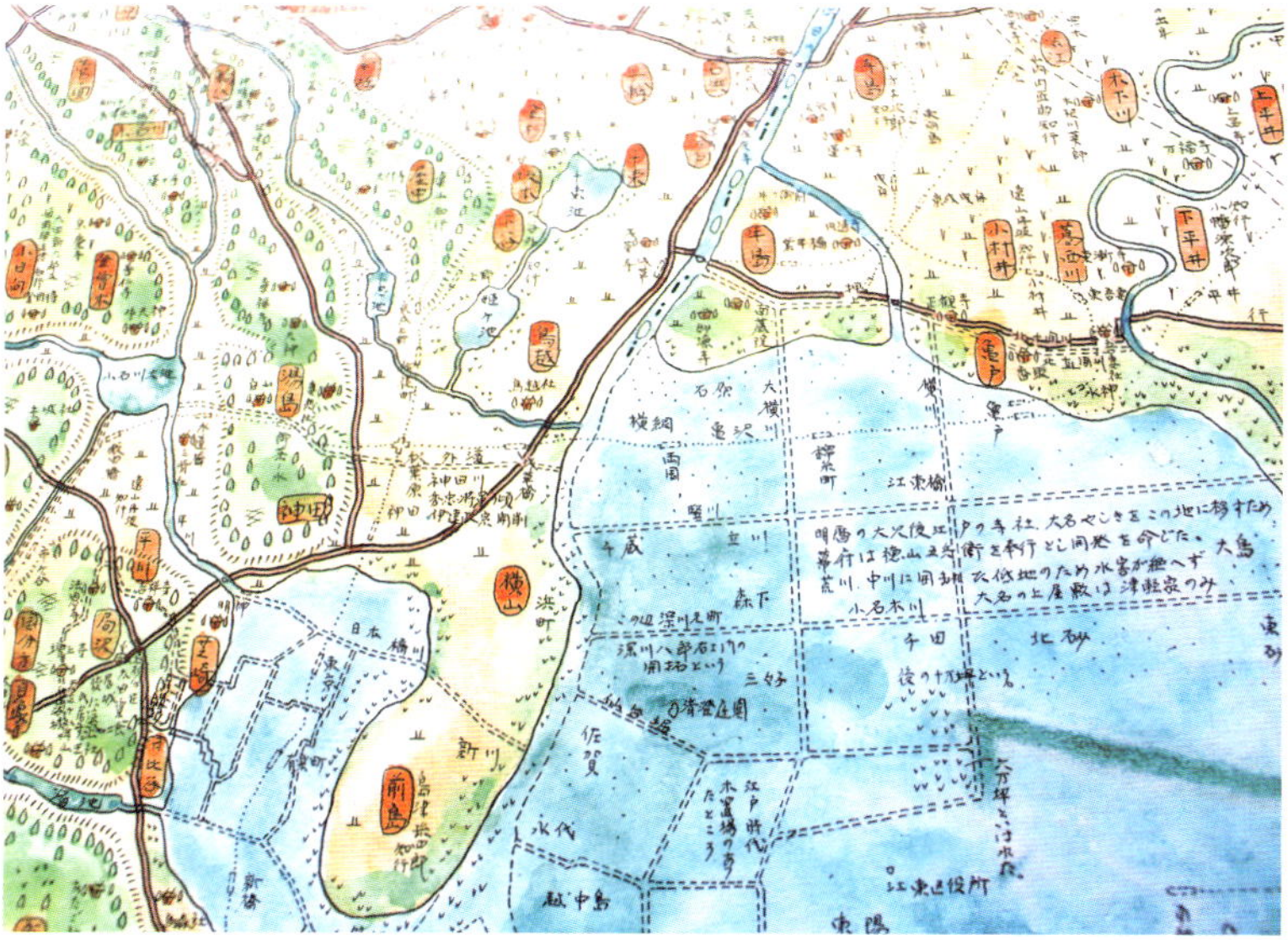

「徳川氏入府以前の江戸と周辺部分」。のちに埋め立てられた場所が点線で示されている。

けれどもそれは、実は本人が深く理解していないとできないことなのです。

　地図は情報が多層になっているので、その整理や取捨選択にはかなりの労力が必要です。それが地図の善し悪しを決めるといっても過言ではありません。増田さんの場合、そのエリアの調査をする段階でラフ地図が頭に描けているからこそできる技なのです。

　さらに、持ち前の絵画センスと、長年にわたる修練で培った技術から生まれた、その緻密で繊細な地図群はもはや工芸作品の域に達しているのです。

清絵（インキング）法の製図道具で描かれた下図。

製図道具の数々。右から順に、つけペン、双頭曲線烏口2本、スプリングコンパス、直線烏口。

笑顔が素敵な増田善之助さん。

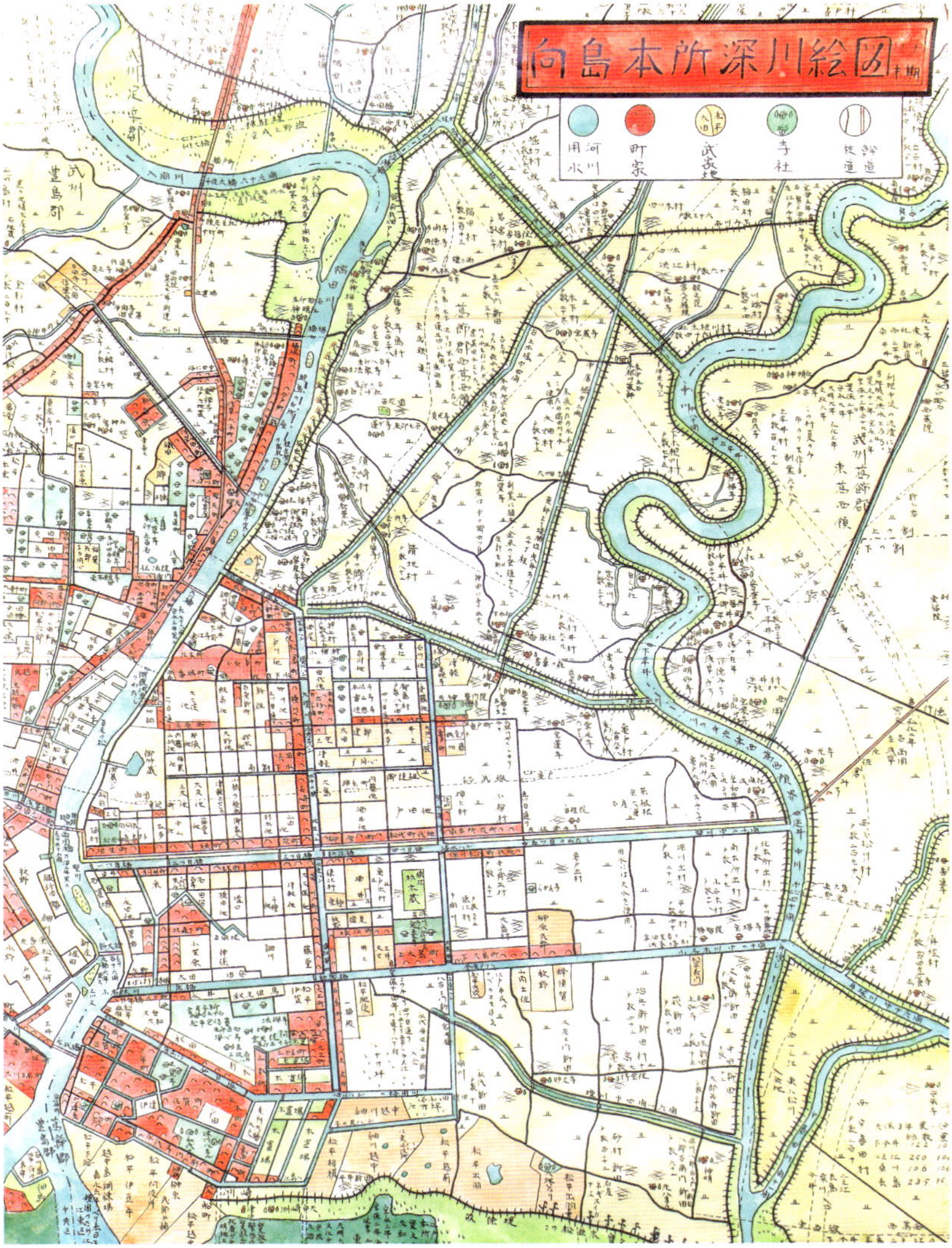

「向島本所深川絵図　江戸末期」。くねくねと曲がっているのは中川。昭和初期竣工の荒川（放水路）が点線で示され、このあと中川が分断されるのが見て取れる。

50年の蓄積がずらっと。1枚ごとに色合いや筆のタッチが違う。

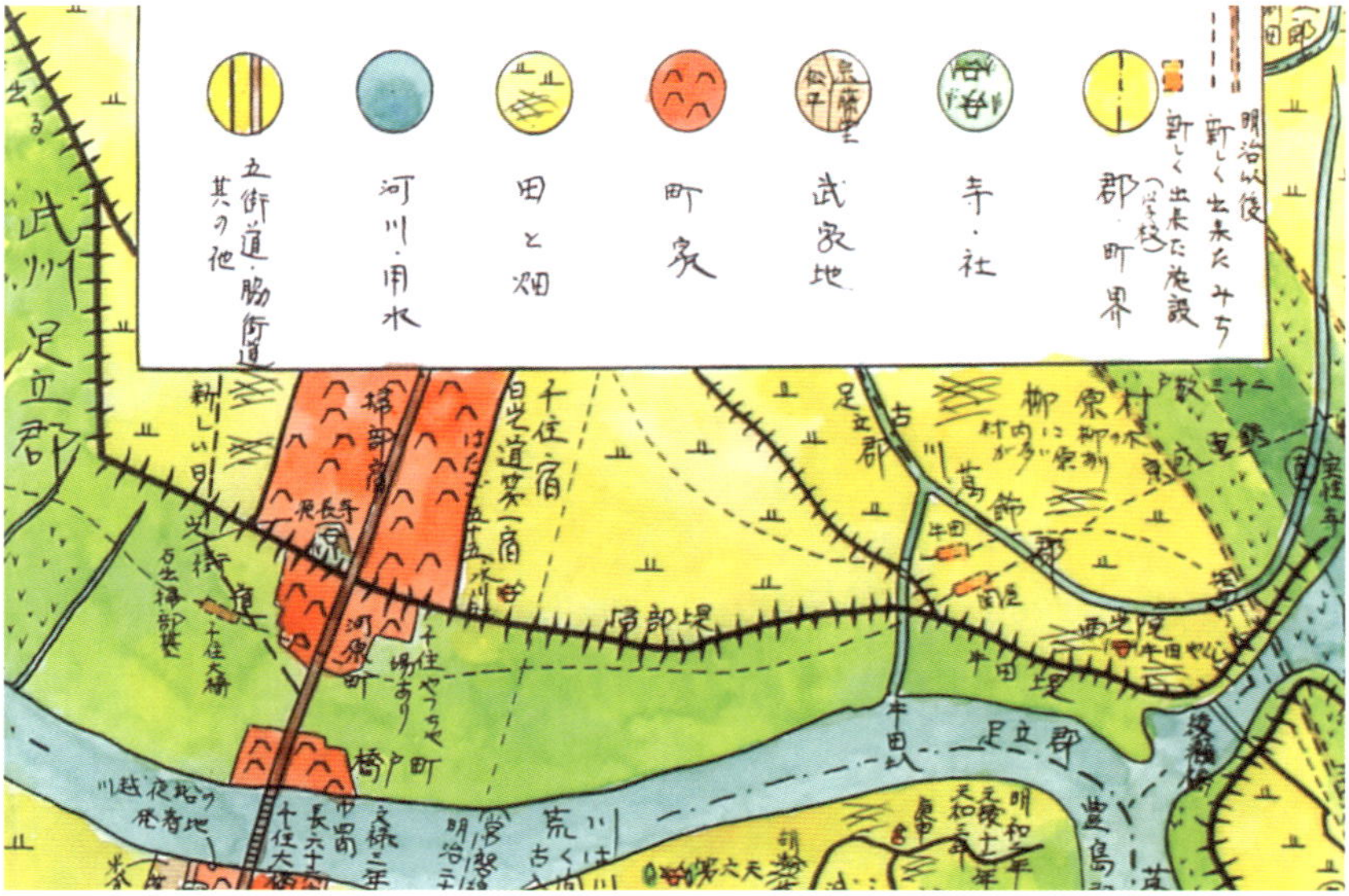

凡例の配置やバランスも美しい。

3.

食べられる地形、身につける地図

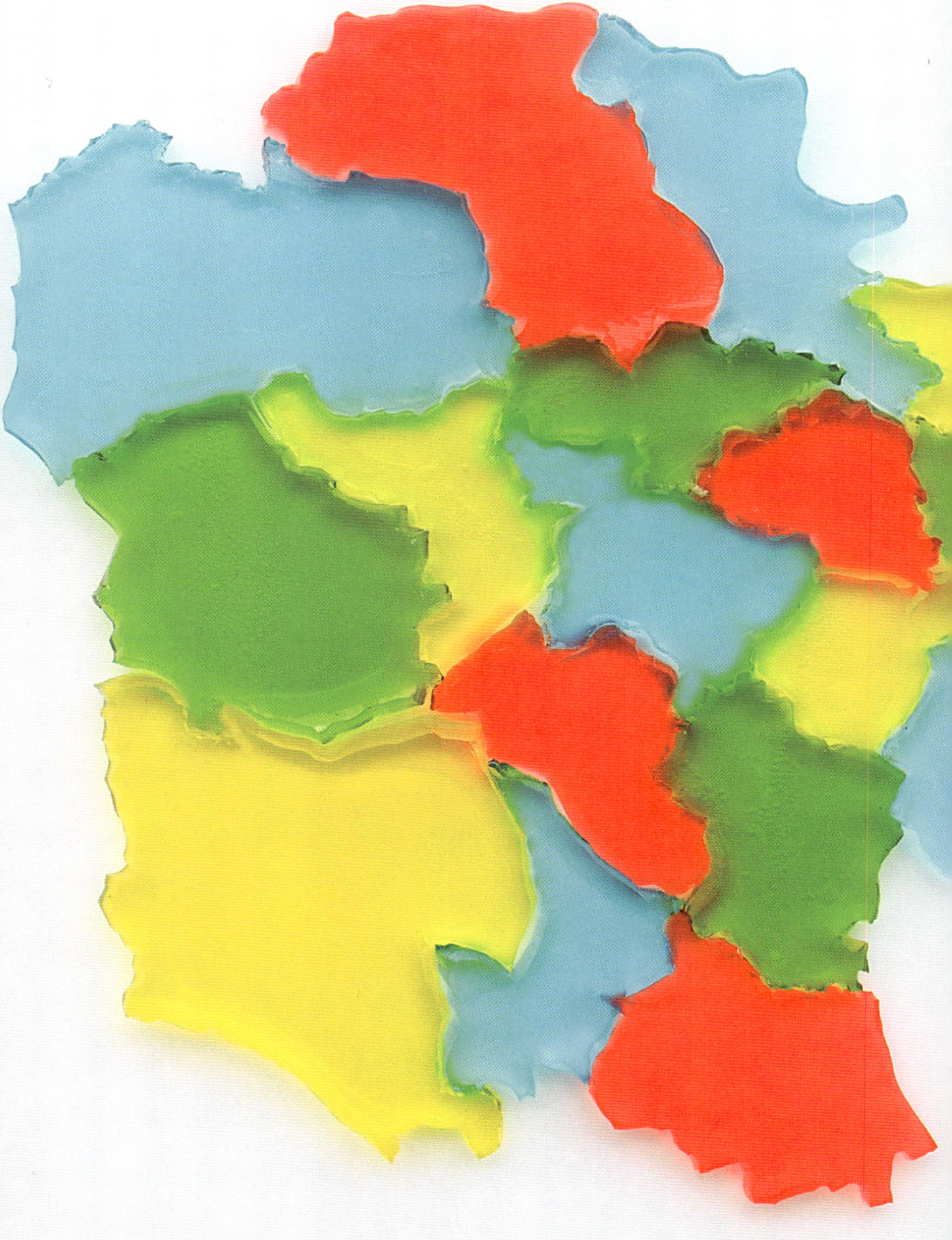

今、自分が歩いている地面の下がどうなっているのか。巨大なストローを地下何十m、何百mとぐんぐん突き刺して、すぽっと抜いて見てみたい。また今、自分が登っている坂はどんな凹凸なのか。建物や樹木を取り払って地面の姿を見てみたい。

　地図や地形に惹かれるようになってからというもの、あれこれそんな妄想をしていました。博物館にある地層断面や地形の模型を見に出かけてはその精巧さにほれぼれしていたのですが、自分のいる〝今ここ〟を示す模型にはそうそう都合よく出会えません。

　身近な場所をもっとリアルに知覚したいと考えていた矢先、友人と地図のイベントをすることになりました。会場は緑豊かな一軒家。「地図カフェ」と題し、飲み物を提供してゆっくり地図に親しんでもらおうとする企画です。それなら私はイベントにちなんだお菓子でもつくろうと、積年の妄想である地形をかたちにする機会を得たのです。

「地層をお菓子で再現したい！」と思い付くのは一瞬でしたが、失敗の連続で何度もレシピや材料を変更し、完成までにはかなりの時間がかかりました……。ただそうした失敗から、地層が積み重ねてきた歴史を垣間見たかのような気持ちになり、地理学の面白さの一端にわずかながら触れることができました。

　その後すっかり地図や地形をかたちにすることにのめり込んだ私は、機会を見つけてはトライし、お菓子やアクセサリーなど、いくつかの〝地図代替物〟が生まれました。実作を重ねるごとに、回り回って地理や歴史などの知識が身についたのも思わぬ副産物。手を動かすことで成り立ちをより深く理解できることもありました。

　地図をつくっていても、その場所のリアルさをうまく伝えられないもどかしさをよく感じます。そうした時に、平面以外の方法でも地図や地形の魅力を伝えられる術はないのだろうか、とした試みのひとつでもあります。こんな酔狂に誰が付き合ってくれるのだろう……と思いつつ、この章ではレシピを大公開します！

recipe 1

地層ムース

私たちが歩いている地面の下は、１０００万年以上もの時間をかけて重ねてきた複数の層で形成されています。その間に氷期や間氷期を繰り返し、時には火山も噴火し、砂や土、礫が層となり、今日まで連綿と続いてきたのです。

初めて露頭（地層が剥き出しになっている場所）を見た時のことをよく覚えています。通常覆い隠されているはずの地層が実はたいそう美しく、またそこには遥かなる時間の経過が積層されていることを目の当たりにし、ひゅっと足がすくみました。

そうした壮大な世界が自分の足元にも広がっているのだと想像してみるにつけ、実際に掘って覗いてみたい気持ちが膨らんできます。ただ、いくらスコップで掘ろうとも、私の力では次の層にもたどり着きません。そんな矢先に思いつ

東京中心部の地質区分。『東京の自然史』記載の「山手台地を開析する谷と泥炭地」の一部をトレースし、陰影段彩図と重ねた図。新宿中央公園の場所が「下末吉面淀橋台」に属することが分かる。

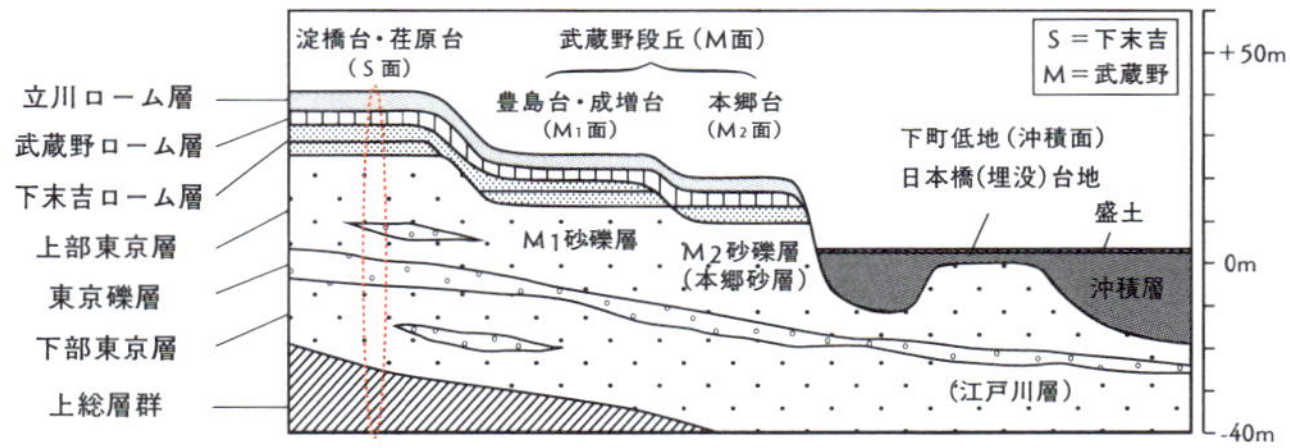

『東京の自然史』記載の「山の手台地から下町低地にかけての模式的な断面」を再トレースした図。赤い丸の場所が新宿中央公園。

いた、「地層×お菓子×ミニチュア」の組み合わせ。それがのちに続く、地形菓子制作のはじまりでした。

このレシピで選んだ場所は、誰もがよく知る東京都庁の西にある新宿中央公園です。さて、ここがどんな地層で形成されているのかを調べるには、地理学者である貝塚爽平さんの著書『東京の自然史』（講談社）を参照します。この本は、東京の地形や地質に関するバイブルと言われている地理学の専門書。該当の箇所を表す２つの図から、この新宿中央公園がある場所は、「下末吉面淀橋台」という区分に属する堅牢な台地上にあることと、計７つからなる地層で形成されていることが分かりました。

それではこの７つの地層を、ひとつずつお菓子で重ねていきましょう。

地層ムース

recipe 1

材料
プラスチック型
（H68mm × W50mm × H50mm） 8個分

〈上総層群 : チョコレート〉
- ピュアチョコレート 100 g

〈下部東京層・上部東京層 : 黒ごまムース〉
- すり黒ごま 30g
- 牛乳 600cc
- ゼラチン20g
- 卵白 2個
- 砂糖 10g

〈東京礫層 : カカオニブ〉
- カカオニブ 100g

〈下末吉ローム層 : ビター生チョコ〉
- ピュアチョコレート 100g
- 生クリーム 50cc
- ブラックココアパウダー 適量

〈武蔵野ローム層 : 生チョコ〉
- ピュアチョコレート 100g
- 生クリーム 50cc
- ココアパウダー 適量

〈立川ローム層 : チョコムース〉
- ピュアチョコレート 55g
- マシュマロ 100g
- 牛乳 200cc

〈表土〉
- ブラックココア 適量
- ブロッコリー 適量

1.

模式断面図を参考に、下の層から順に重ねていきます。一番下は1200万年～ 280万年前頃に形成された「上総層群」。関東平野の基盤を成す、主に岩からできた非常に堅い層です。そこでピュアチョコレートを溶かして型に流し込み、冷蔵庫に入れて冷やし固めます。

2.

下から二番目は、100万年前頃に積み重ねられた「下部東京層」。その特徴は砂質でやわらかく色はグレー。“砂っぽい” イメージで……と、すり黒ごまでムースを作成します。まずは牛乳と溶かしたゼラチンと砂糖を混ぜ合わせ、別のボウルに卵白を泡立てすり黒ごまを混ぜる。両方をさっくり混ぜて型に入れ、冷やし固めます。

3.

50万年ほど前に形成された「東京礫層」は、古多摩川によって流された礫が積もった堅い層です。ちなみに新宿副都心の高層ビル群も、この堅い層を利用し、地下40mほどまで支持杭を打ち込んで躯体を支えているそう。ここでは粒が大きめなカカオニブ（砕いたカカオ豆）を投入します。

4.

20万年前頃に形成された「上部東京層」は、2の「下部東京層」と似た砂質層。同じく黒ごまムースで層をつくります。化石がよく発見される層とのことから、化石に見立てたクルミを埋め込んで冷やし固めます。

5.

次は3層からなるローム層づくりに入ります。ローム層は12万～1万年前頃に形成された、火山灰が粘化した赤黒い土からなる層で、各層違った特徴があります。まずは一番下の「下末吉ローム層」から。古箱根山の火山灰が積もった、粘性も高く色も濃い層。ねっとりとした生チョコをつくります。鍋に生クリームを入れて温め、刻んだチョコレートを入れ溶かします。ある程度溶けたら、ブラックココアパウダーを入れ、混ぜ合わせる。あら熱が取れたら型に入れ、冷やし固めます。

6.

真ん中の「武蔵野ローム層」は、「下末吉ローム層」よりやや茶褐色。同じく古箱根山が噴火した時の火山灰です。色を明るめにした生チョコをつくります。５と同様のレシピで、ブラックココアパウダーをココアパウダーに変更。

7.

層の一番上、３万～１万年前に形成された「立川ローム層」は富士山の火山灰が積もったもの。鮮やかな橙褐色をしており粘土もやわらかめです。そこで下２層のローム層とレシピを変え、チョコムースをつくります。鍋に牛乳を入れて火にかけ、温まったらマシュマロと刻んだチョコを入れて溶かします。あら熱が取れたら、型に入れて冷やし固めます。

recipe 1

8.

最後は表土。黒ボク土と呼ばれる薄い層をかぶせて完成です。ちょうど色がよく似たブラックココアをのせ、ブロッコリーを植栽に見立てます。

最終的にこのレシピにたどり着くまで、いくつもの失敗がありました。一番下の上総層群には初めヌガーを試したものの、高温のためプラスチックの型ごと溶けてしまうハプニングが！　また、東京礫層にクッキーを試したところ、水分が浸透して食べる頃にはすっかりやわらかくなってしまったり……。

ただ、失敗を繰り返すなかで、たとえば地質による水分の透過具合や、上の層の厚み、温度差など、地層が積み重ねてきた長い歴史をほんの少しですが垣間見ることができたような気がしました。まさに「地層は一日にしてならず」。私たちの平均寿命である80年ちょっとなんて、このムースで再現しようとしたらほんの1ミリにも満たないのかと思うとなんだか脱力してしまいます。

こうしてひとつの場所について調べ、実際にお菓子を制作してみたことで、これまで敷居が高かった専門書を開いて読み込むこともできました。楽しみながらお菓子と格闘しているうちに、いつの間にか地理学が親しみ深いものへと変貌していたのです。

背景に都庁の全貌を入れてみました。こうして見ると、都庁は支持層に比べてなんと高い建物であることか。

等高線ケーキ

recipe 2

　地図には、実際には存在しないけれど便宜上描かれる〝約束事〟があります。それは、田んぼや神社、等高線などの〝記号〟。なかでも地形図に密な線状で表される等高線は、地図上での存在は大きいものの、現実空間にはまったく見当たらない。まさに地図が世の中を記号化したものであることを示す象徴的なアイテムです。

　そして、等高線は美しい。自然の造形をトレースした線が決して交差することなく流れるさまには見惚れてしまいますが、その等高線を積層した地形模型も見事です。等高線を標高ごとに階段状に重ねるアナログな手法でつくられた模型からは、荒削りな立体が顕在化しています。博物館で地形模型を食い入るように見学していた私は、地層ムースに続き、身近な場所でこの等高線をお菓子で再現してみ

戸山公園周辺の陰影段彩図。ケーキの範囲は、等高線のヒダがきれいに映えそうな、赤い四角のエリアに決定。茶色の線が等高線（2.5m間隔で表示）。

たい、との構想を練るようになりました。

　等高線は同じ高さを結ぶ線なので、線が混んでいるところが急傾斜で、離れているところが緩い傾斜となります。そこで制作する場所は、標高差があって等高線がきれいに層を成すエリアにしよう、と〝山手線内最高峰〟である新宿区戸山の箱根山を選びました。

　来歴をたどると、この箱根山がある新宿区戸山公園一帯は、江戸時代に尾張藩徳川家の大名庭園があった場所。庭園の中央に池を掘った時の残土で築山したのが箱根山だったのです。こうしてひとつの場所を掘り下げて調べると、思わぬ歴史に出会えるのも楽しみのひとつ。それでは箱根山を頂点として、南から北へなだらかに下がっていくさまをケーキで表してみましょう。

recipe 2

等高線ケーキ

材料　10cm×10cmのスクエア型約16層分

〈クレープ生地〉
- 薄力粉　200g
- 砂糖 15g
- 牛乳　500ml
- 卵　4個
- バター　40g
- バニラエッセンス 適量
- 青汁パウダー　適量
- ココアパウダー　適量

〈チーズクリーム〉
- クリームチーズ　150g
- 生クリーム 200cc
- 砂糖　50g
- ラム酒　適量
- ゼラチン　5g

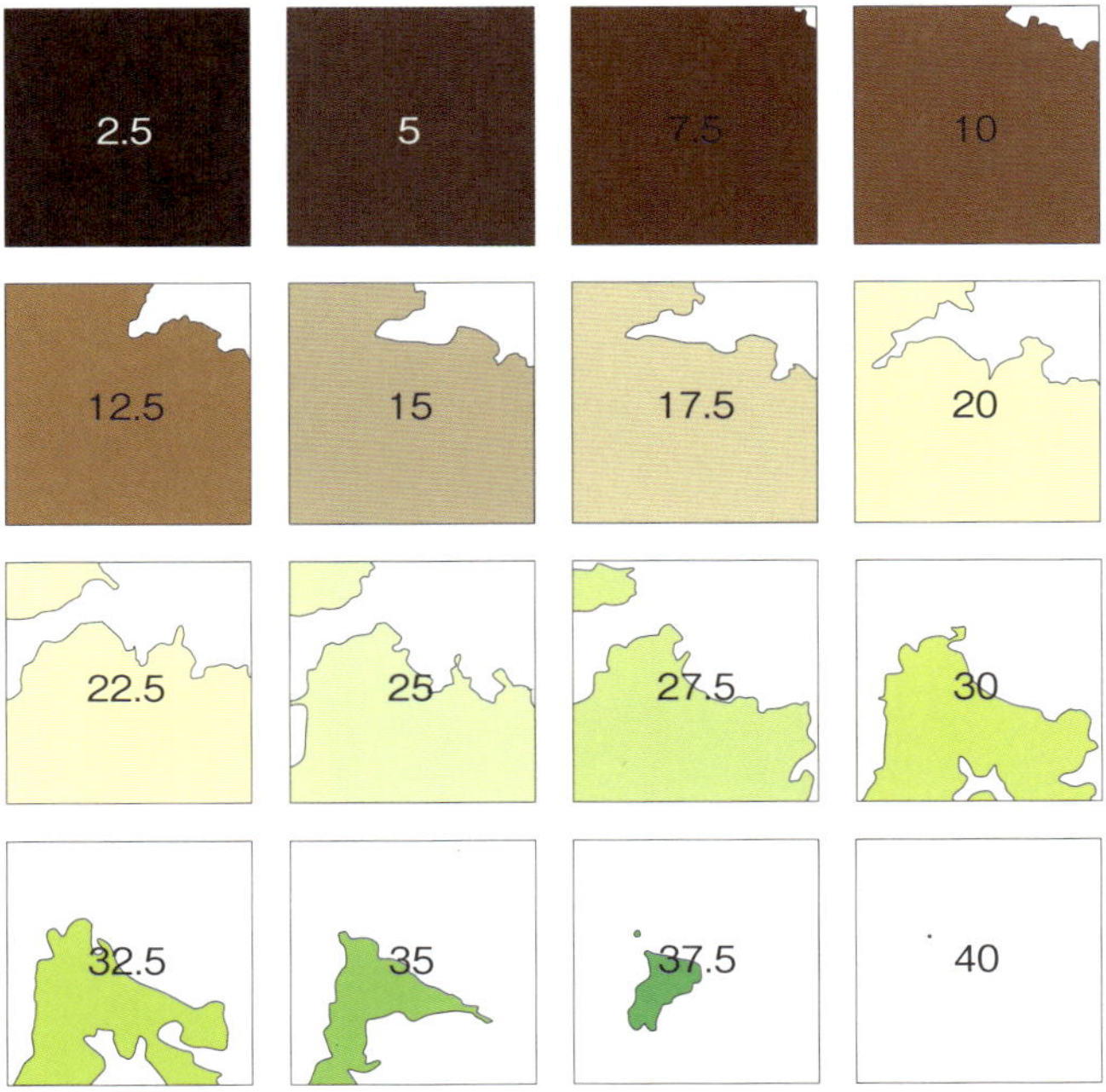

1.

初めに等高線データをつくります。「カシミール3D」ソフトを使って、陰影段彩図に等高線を2.5m間隔で表示。その画像をillustratorソフトに取り込んで等高線をトレースします。標高の低い場所から茶色→黄色→緑のグラデーションになるよう、型紙で目安の色を設定。2.5mから40mまで標高ごとに型紙をつくり、それぞれ切り抜いておきます。

2.

クレープの生地をつくります。薄力粉、砂糖、牛乳をダマにならないよう混ぜ、その後、卵、溶かしたバターを加え、さらに混ぜます。生地を冷蔵庫で寝かせてなじませた後、茶色にはココアパウダーを、緑色には抹茶パウダーを使い、1枚ずつ入れる量を調節して混ぜ、焼いていきます。卵焼き器を使って焼くと、四角い形状になるためつくりやすい。

3.

全てのクレープを10cm四方にカットします。包丁を使うと生地が引っ張られて伸びてしまうので、ステンレスのスケッパーを使うのがおすすめ。

4.

1で用意した型紙をクレープにのせ、等高線に沿って1枚ずつナイフでくり抜いていきます。

5.

クレープに挟むチーズクリームをつくります。まずは常温に戻したクリームチーズに砂糖、ラム酒を加えて混ぜます。そこに溶かしたゼラチンを投入、ダマにならないよう混ぜ合わせます。別のボウルに生クリームと砂糖をホイップし、最後に全てをさくっと混ぜ合わせます。冷蔵庫で適宜冷やした後、クリームをクレープに塗っていきます。

recipe 2

6.

クレープに1枚ずつチーズクリームを挟んで積層し、完成です。
箱根山の頂上に旗を立ててみました。

登山用の地形図でしかあまり馴染みのない等高線ですが、街にいても坂を登ったり下ったりと日常生活で感じる凹凸はたくさんあります。こうして気軽に行ける街の等高線をたどって立体模型にしてみると、「この線状の窪みは川跡？」とか「隣の駅でもこんなに標高が違うのか！」などと、地続きの感覚で新たな視点が増えるのも面白い。

ただ、これは地形模型といえどもケーキなので、食べたらなくなってしまうわけですが、人は視覚だけでなく味覚や聴覚など他の感覚が連動した時に、より鮮明に記憶するものです。そう考えると、食べ物で地形をつくるということは、その土地を感覚的に理解するのにとても適しているのでは、と、やや強引に思うわけです。

身近なエリアの地形模型は、初めは自分の知っている場所との乖離に面食らうかもしれませんが、ある一点が読み取れると、それを手がかりに芋づる式に理解が深まっていくところにも面白さがあります。今は3Dプリンターで滑らかな凹凸の地形模型もつくることができますし、ビジュアルをつくる地図ソフトも充実しているので、等高線を重ねた積層模型はこの先段々と使われなくなってくるかもしれません。けれども時にはこうしたアナログなやり方で手を動かすと、自分の手のなかで地形が立体となって立ち上がっていくさまを、臨場感を持って感じられること請け合いです。

カットした断面。

地図豆知識のひとつに「四色定理」があります。その定理とは「いかなる地図も、隣接する領域が異なる色になるように塗るには四色あれば十分である（ただし飛び地は含まない）」とするもの。

数学者や地理学者の間で１００年以上ずっと疑問のままにされてきたのが、１９７６年にケネス・アッペルとヴォルフガング・ハーケンによって証明されました。証明方法はなんとコンピューターに計算させるというもので、当時その信憑性を疑われたのですが、１９９６年に別の数学者により再証明されたとのこと。私も数学者であるロビン・ウィルソンが書いた『四色問題』（新潮社）を読んでみたものの、証明方法はさっぱり分からなかったのですが……、道を究めようとする者同士の攻防を描くドラマとしての面白さは伝わってきました。

さて、この定理に則ると、たとえばアメリカ本土の48州だって全部4色で表せるわけです。初めてその存在を知った時

四色定理グミ

recipe 3

は「え？　ほんとに？」と、よくよく眺めてみたのですが、確かにちゃんと4色しかありませんでした。

うーん、なんだか狐につままれた気持ちです。だったらやはり手を動かして確かめてみたい。それならばお菓子で、と性懲りもなく、自分が暮らす新宿区を中心に、東京の17区をグミでつくってみることにしました。

もうひとつ、このレシピで合わせて試みたのは、自分中心の地図をつくること。あるひとつの場所を起点に、区切られた区画をぐるぐるとつなぎ合わせていったらどんなかたちができあがるのか。県界や国境などの行政界で表されるのは見慣れた集合体ですが、今回はそうではなくて、たとえば、自分にとって馴染みのある場所を中心にした時に、どんなかたちができあがるのかを見てみましょう。

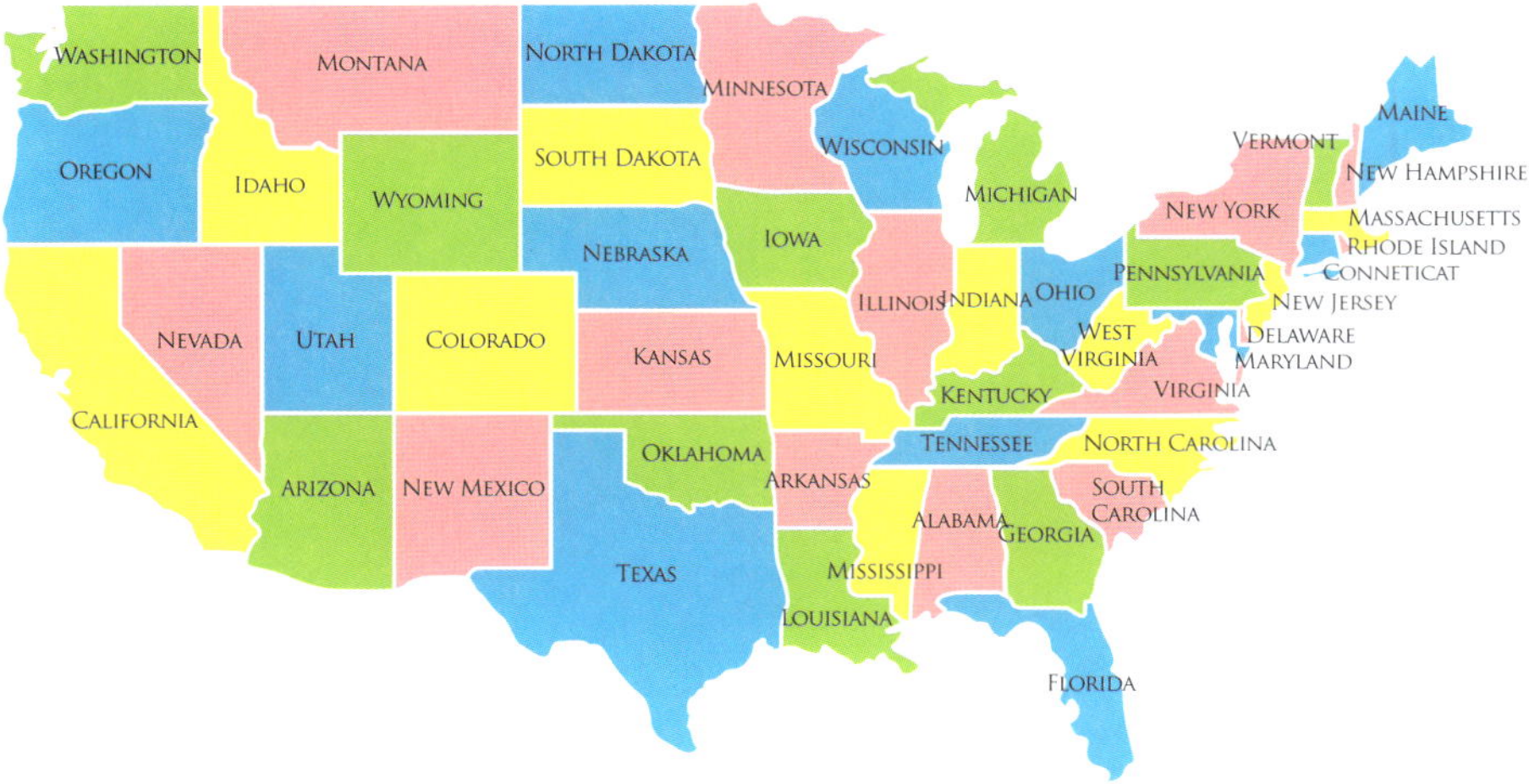

何度見てもやはり4色のみで塗り分けられたアメリカ合衆国48州。

recipe 3

四色定理グミ

材料

- 水　400cc
- グラニュー糖　80 g
- ゼラチン　48g
- 食用色粉（赤・黄・青）　適量

1.

食用色粉を水に溶かしながら調合して、好きな4色をつくります。三原色の色粉があればどんな色も試せます。さながら理科の実験のよう。

2.

1にゼラチンを入れ、溶けるまでふやかします。その後電子レンジで40秒温めます。

3.

2にグラニュー糖を投入。さらに電子レンジで30秒温めます。全体がよく溶けて混ざっているかを確認して、熱いうちに型に入れます。あら熱が取れたら冷蔵庫へ入れ、冷やし固めます。型には先にサラダ油を少量塗って、固まったグミシートを剥がしやすくしておきます。

4.

充分に固まったら、爪楊枝を使ってグミシートを型から剝がします。これを色ごとに4枚つくります。

5.

区界が記された白地図を用意します。縮尺は12万分の1に設定。場所は新宿区を中心に半径8kmの範囲にまたがる17区をうずまき状に矢印の順番でつくっていくことにします。赤線が区界、黄緑円が半径8kmのエリア。

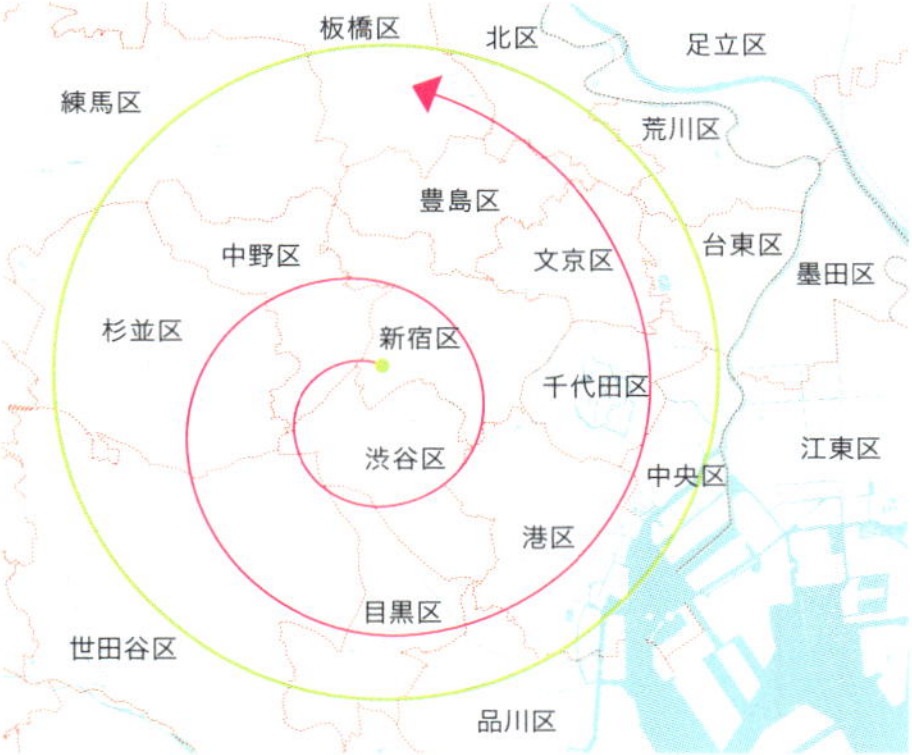

6.

下地にする地図の上に半透明のプラスチック板を重ねて、グミシートをのせます。まずは中心の新宿区からナイフでくり抜きます。ナイフは0.3mmのアルミ板を切って自作。

recipe 3

7. 次の中野区は別の色を選びます。こうして順に色を変え、ぐるぐると周りながら17区を切り抜いていきます。

水色の新宿区に黄色の中野区が合体。

渋谷区を赤に、港区を緑に、と進み、5区目の千代田区は必然的に黄色を選択。

文京区を赤に、豊島区を緑に、と進み、ここで2周目へ。8区目の練馬区は水色、とたんに巨大化。

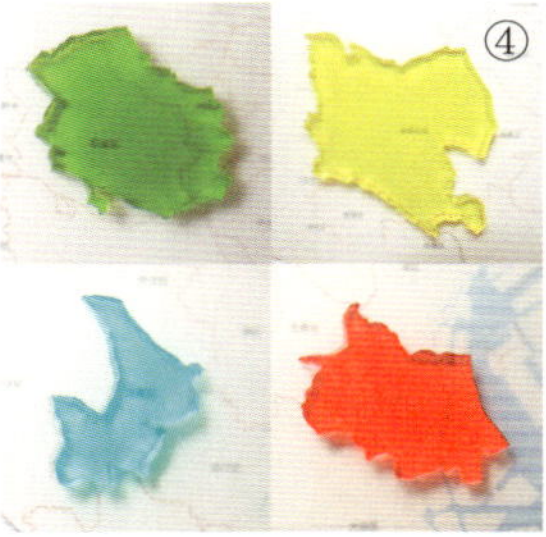

杉並区の緑、世田谷区の黄、目黒区の水、品川区の赤。

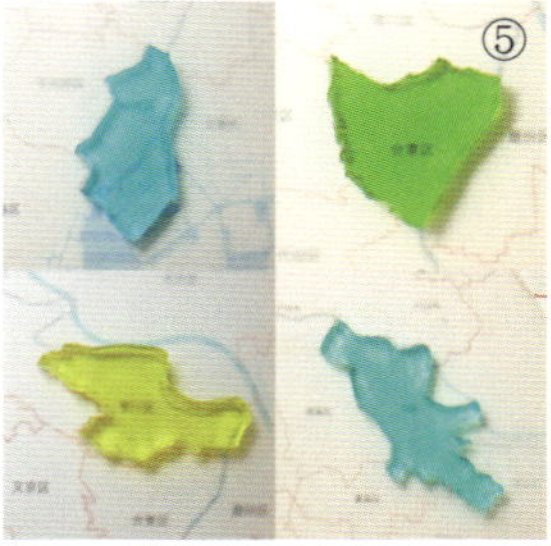

中央区の水、台東区の緑、荒川区の黄。北区の水。

8.

板橋区の赤でフィニッシュ。東京17区、なかなかバランスのよいかたち。

職場に、実家に、と自分にゆかりのある場所に旗を立ててみました。

実際に手を動かしてみると、途中何度か「あ、ここでストップか？」と思いきや、最後までちゃんと4色だけで表すことができました。ただ、色に選択肢が残っている場合、どちらかを選ぶとその後はまったく違う色のパターンで順序が決まっていくことから、答えは何通りにもなります。また、何手先かで隣り合う色とぶつかってしまう可能性もあるので、次の3、4手先くらいまでを見越して、慎重に進める必要もあることが分かりました。

それぞれの区のかたちを切り抜いていると、北側はこんなになめらかなのに南側はなんでギザギザなんだろう、などと疑問も湧いてきます。たとえば細かく蛇行しているのは、昔の川や用水路が区界に設定されていた例であることも。かたちが気になったことからそれを元に調べてみると、思わぬ歴史に触れられることもありました。

あえて東京23区にせず、自分が馴染みのある場所を中心に地図をつくることで、ふだん見慣れない集合体としてのかたちができあがるのも一興。つくる人それぞれの“自分中心地図”ができます。区界ではなく、たとえば町界とか、もっと細かい単位でつくってみるのも面白いかもしれません。

recipe 4

境界アクセサリー

地図上で縁取られる陸地がそのかたちに決まる理由として、まず挙げられるのは、海や川などの水面との境目であること。自然の摂理に沿ってつくられたかたちは、うねうねと曲がっていたり尖っていたり、独特で固有なフォルムをしています。

　その一方で、時の権力者たちの争いの末にできた人為的な境界も、地図にくっきりと現れています。時代とともに大きくなったり小さくなったり（しまいには消えてしまうことも！）する姿を追うだけでも興味深いことばかり。また、近世からは人工地盤をつくる技術が進歩し、新たな陸地が地図に加わっています。

　こうして地図がそのかたちになっているのには、様々な要素や事情が詰まっています。自分が住む町や行ってみたい場所など、色々なエリアの輪郭をたどってみると、思いもよらない図形が浮かび上がってきてハ

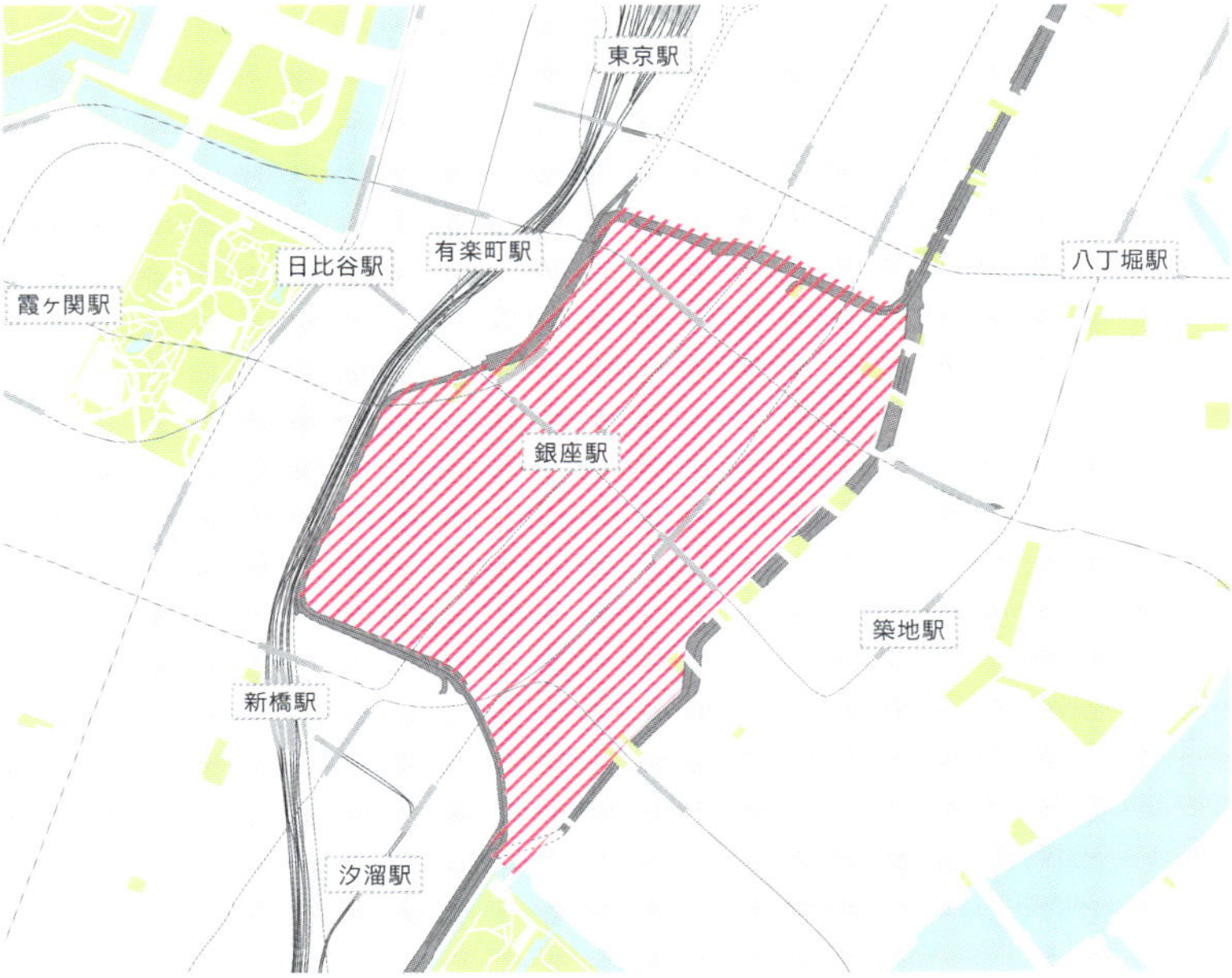

高速道路にぐるっと囲まれた銀座1～8丁目（ピンク色の斜線部分）。

ッとしたり、なるほどと感心したり。

　そしてそれらの図形のなかには、手元に置いておきたくなるような美しいかたちがいくつもあります。四色定理グミをつくっている時にも、この愛着の湧くかたちを食べてしまうのではなく、手元に残せたら……、と思いました。そこで今回はアクセサリーをつくって、地図を身につけてみようとする試みです。

　このレシピでつくるのは、銀座のかたちです。銀座の1丁目から8丁目までをぐるっと囲ってみると、8丁目の東南、飛び出た汐留あたりが良いアクセントになりそうな美しい造形。以前、銀座の地図を制作した時から心に留めていたかたちです。ここでは、純度99・9%のシルバーを使って、銀座の町界を表すペンダントをつくってみましょう。

境界アクセサリー

材料　ペンダントトップ1つ分

- 銀粘土　4g
- 金網&焼成カバー
- スポンジ研磨剤
- ステンレスブラシ
- 中目ヤスリ
- ピンセット
- クッキングペーパー
- ドライヤー
- まち針
- ストロー

recipe 4

1.

地図をトレースし、型紙をつくります。倍率を変えて何通りかコピーし、実際に体に当ててサイズを検討。ペンダントかピアスかリングか、どこに金具の穴をあけるかなど、好みでデザインを決めていきます。

2.

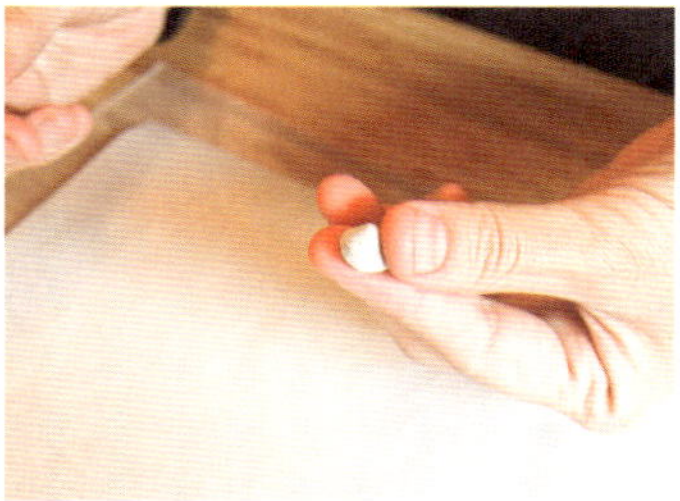

銀粘土を袋から取り出し、空気を抜きながら丸くこねます。銀粘土とは、粘土を成形し乾燥させて焼くだけで、純度99.9%の本格的なシルバーになるスーパーアイテム。専門的な技術を持たなくてもシルバーアクセサリーをつくることができます。

3.

クッキングシートの上に置き、定規などで平たく伸ばします。銀粘土はとても乾燥しやすいので手早く作業を進めます。

4.

1で用意した型紙を上にのせ、先の尖ったもので周りをくり抜いていきます。

5.

細いストローで、ネックレスを通す穴をあけます。その後、ドライヤーの熱風を直接30分ほどあて、充分に乾燥させます。

6.

乾燥したら、中目ヤスリやスポンジ研磨剤で削り、かたちを整えます。脆いので慎重に。

7.

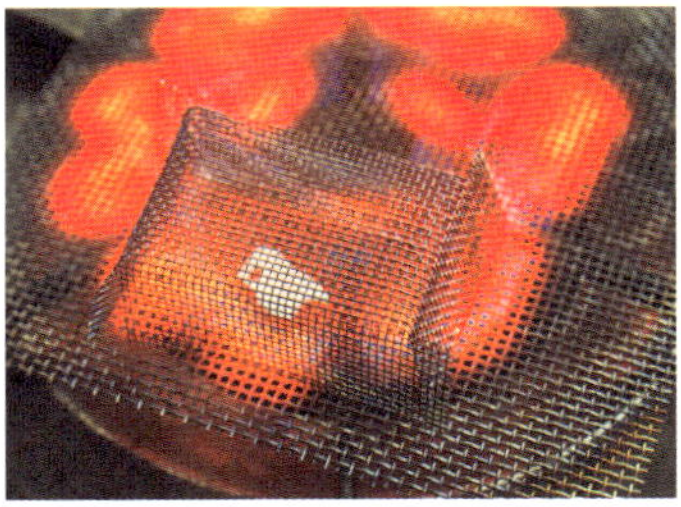

金網にのせ、焼成カバーをかぶせたら、ガスコンロで10分ほど焼成します。焼くと結合材や水分が飛んでひとまわり小さくなります。

8.

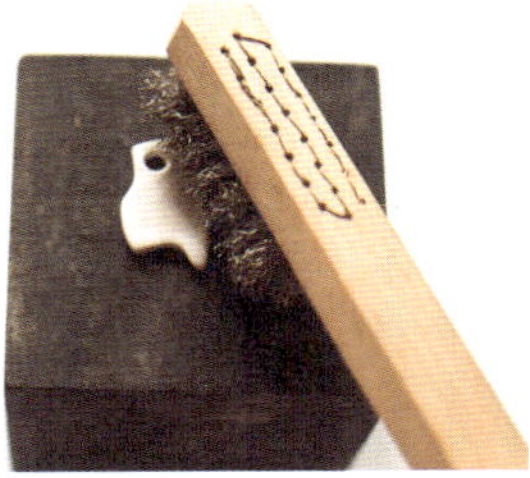

焼成後は真っ白になりますが、ステンレスブラシで磨くと銀色が見え始めます。

9.

丸カンとネックレスを通して完成。光る銀座が出現しました。この時は梨地仕上げ（粗め）で仕上げましたが、目の細かいスポンジ研磨剤やシルバークロスで磨けばもっとピカピカになります。

そのほか、様々な境界で区切られたかたちを アクセサリーにしてみました

南鳥島ピアス。小笠原諸島にある日本最東端の島、ほぼ三角形のかたちをしています。

奄美群島のひとつ、沖永良部島チョーカー。東西に長い島なので、バランスをとって2箇所に穴をあけて、革紐を通してみました。

中野区リング。東京23区のなかで個人的に一番好きなかたち。

滋賀県ペンダント。大きな穴は琵琶湖。

アメリカ合衆国ユタ州（左）、コロラド州（中）、ワイオミング州（右）同縮尺ブレスレット。アメリカの州界はおそろしいほどにまっすぐ！　ただこれでは単なる四角にしか見えないので、それぞれ頭文字の刻印を入れてみました。

スリランカチョーカー。頭文字「S」の刻印はクッキー用のスタンプを使い、乾燥する前に粘土にぽんと押します。

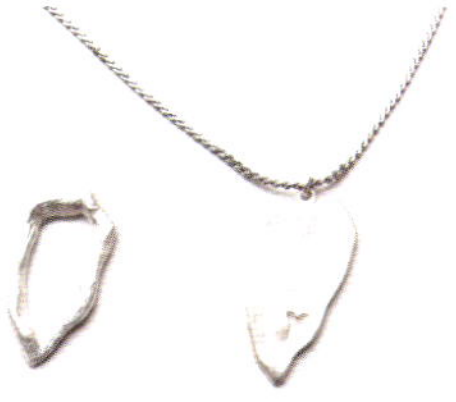

山手線ペンダント。左のリング状の山手線は失敗作。銀粘土を紐状にのばして成形したものの、仕上げが雑なせいで、大崎と日暮里につなぎ目が出てしまいました……。

代々木公園ブレスレット。こうした小さなエリアのかたちを抜き出してみるのも面白い。

recipe 4

焼けて真っ白になった“地図”をブラシでこすり、銀の輝きを初めて見た時、思わず「おー！」と声が漏れてしまいました。そして身につければ、お気に入りのかたちが首元で小さくキラリと光っている。じわっと愛おしい感情が湧いてきます。

実際に銀粘土を触ってみると、思っていたよりも簡単で、立て続けにいくつもつくってしまいました。要領としては粘土細工なので、いったんコツを摑んでしまえば自由にかたちが再現できます。初めに用意する材料も数千円程度で揃うので、ちょっと試してみることができるのも魅力的。しかも純銀なのだから、素材感は重厚、且つ本物の輝きなのです。

そして身につけて実感したのは、改めて地図が人と人とをつなぐコミュニケーションツールなのだということ。このアクセサリーが地図であることを話すと、その地図の場所を元に話が広がる。そうした時、装身具だったら、地図をごそごそと取り出すよりも簡単に話題に入ることができるのです。若干マニアックな人だと思われる恐れがあることは否めませんが、地図好きアピールにはもってこいのアイテムです。

美容院の木製扉。木の収縮に対応しきれなかった塗料が、素材の性質ごとに複層の亀裂を生んでいた。黄色の線は道路、茶色はさしずめ市街化区域か。これが壁に初めて“地図”を見たきっかけ。（東京・駒込）

壁にひそむ地図

私は壁の写真を撮っています。それは、建物の経年変化により現れた外壁のテクスチャが、一朝一夕では生まれない豊かな表情を持っていることに、ある日、気付いたことから始まりました。

壁や看板などの垂直面に現れるのは、重力や気候、生物の影響を受け、時間をかけてじわじわと熟成された街の痕跡。私にとってそれは、巨匠が描いた抽象絵画の作品と並ぶような魅力を秘めているように感じられたのです。その後、暇を見つけては街へ出て撮り歩くようになり、これまで10年以上にわたって撮った枚数は何万枚か、いやそれ以上かもしれません。

そうしていつものように街を歩いていたら、今度は壁に〝地図〟が見えてきました。好きな対象物同士を掛け合わせてしまうなんて、もうこれは偏愛病の末期症状なのかも……。ただ一度見えてしまったら、そうにしか思えない。ここでは地図に見えてしまう壁とともに、これまで撮り貯めてきた壁のいくつかを紹介します。

モデルガンショップの立て看板に生まれた“地層”。鉄看板の付け根部分に水が溜まったことから、青の塗料と赤の錆び止めが剥がれ、一部に穴が開き、さらには苔まで発生していた。(愛知・八光町)

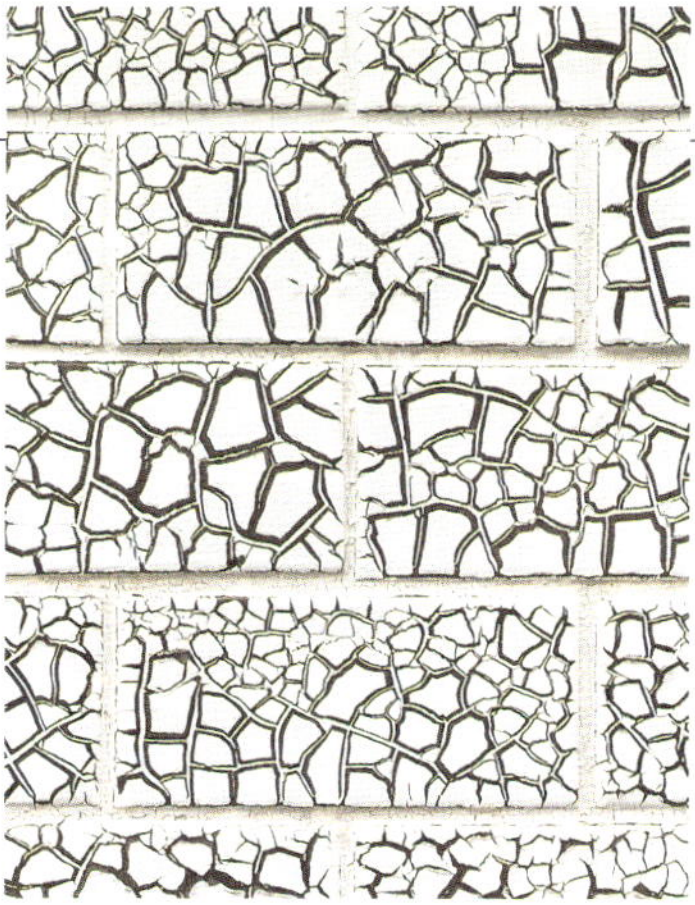

コインランドリー屋の外壁。タイルも目地もかまわず同時にペンキを塗ったせいか、タイルのところにだけ二重線の亀裂が生じていた。まるで双頭曲線烏口を使って描いた道路のよう。(愛知・若草通)

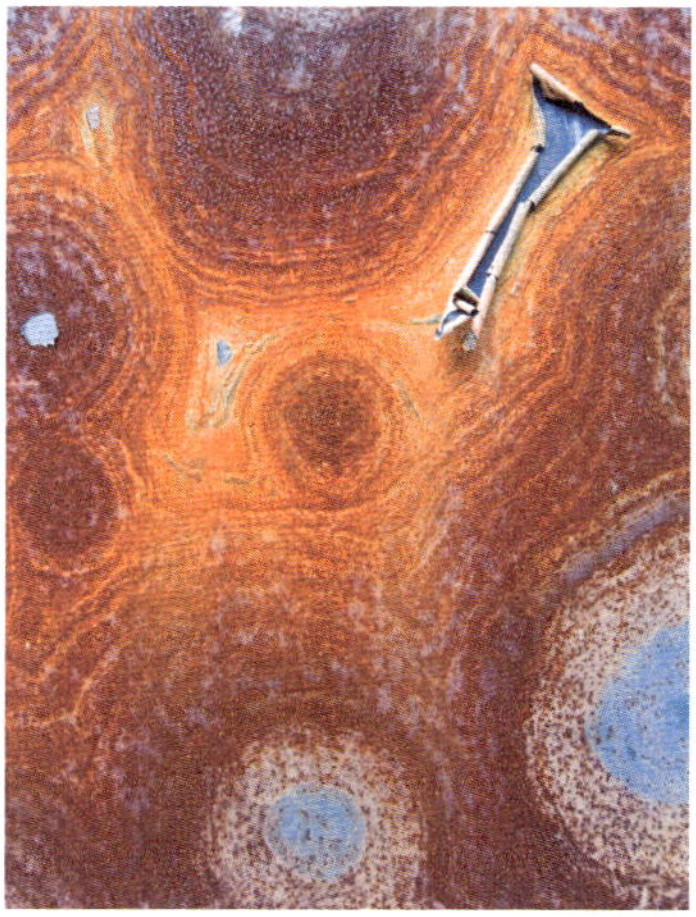

住宅の鉄門扉。水色の塗料がほとんど剥がれ、鉄サビが“等高線”のように層を形成していた。(神奈川・下末吉)

香港のいたるところで見かけた、外壁に直接描かれたマーク。三角屋根が並ぶ姿から「Peutinger Map(→P19)」を連想。

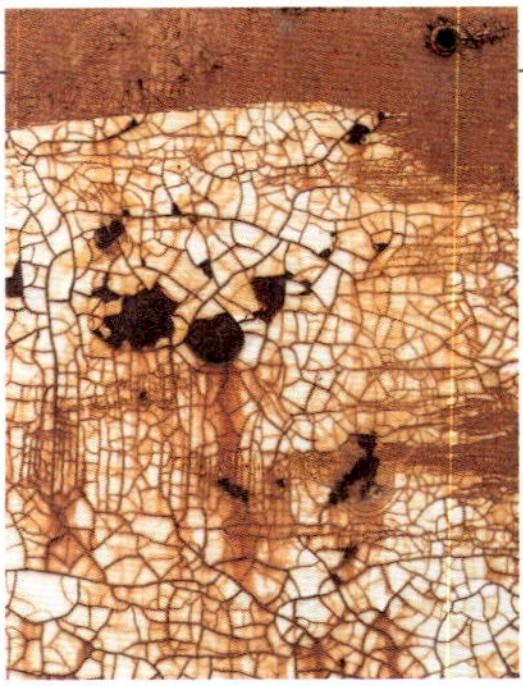

京都・木津屋町

東京・油面

東京・天沼

神奈川・山手町

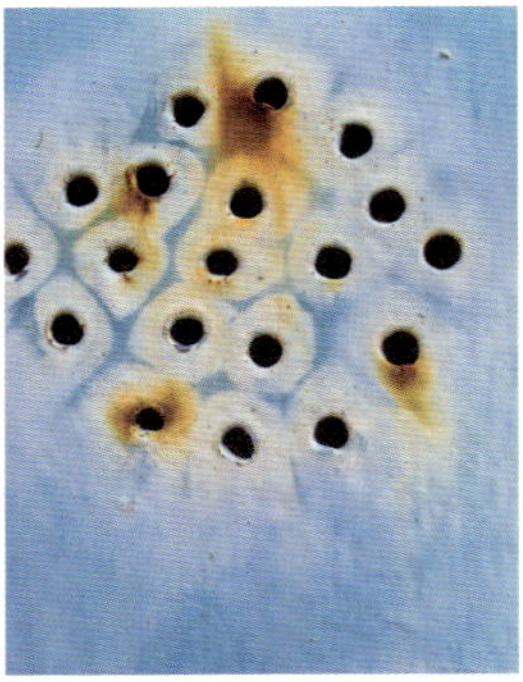

東京・高田馬場

東京・千歳烏山

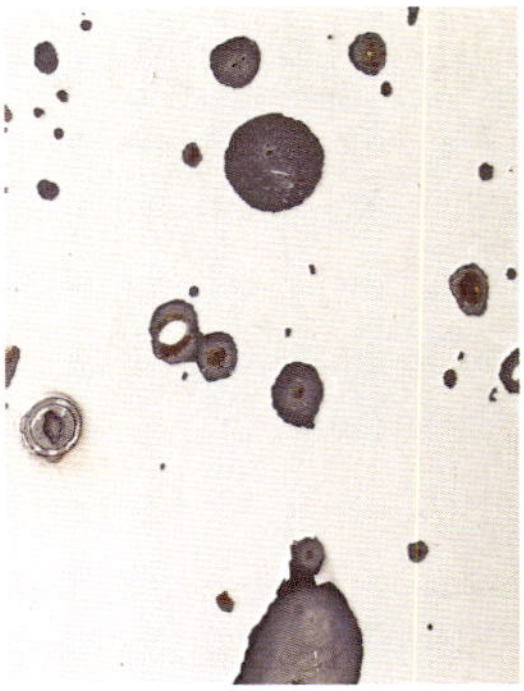

東京・深川

大阪・北加賀屋

東京・入谷

4.

地図をたずねる〈つくば編〉

part1 ― 地図と測量の科学館

日本初、地図専門の博物館

地図のことをもっと知りたくなったら、まずは茨城県つくば市に出かけてみることをおすすめします。つくば市には地理学に関する専門の博物館が２つもあり、両方をはしごすれば１日中どっぷり地図の世界に浸れるのです。

ひとつめに紹介するのは「地図と測量の科学館」。国土地理院に併設された施設で、その名の通り、地図や測量に関する紀元前の歴史から最新の技術まで詳しく知ることができます。

入口で出迎えてくれるのは、床に貼られた「１／10万日本列島空中散歩マップ」。赤青立体メガネ越しに地図の上を歩くと、足元の凹凸がリアルに立ち上がってきます。列島部分の凹凸にも驚きますが、日本海溝付近は半端じゃないレベル。地形に飲み込まれるような感覚を味わいながら見学スタートです。

階段を上って展示室に入ると、地図や測量の通史を基礎からおさらいできるコーナー。実際に測量に使われていた道具も展示されています。続くは貴重な古地図が並ぶエリアへ。伊能忠敬、長久保赤水、石川流宣など名だたる面々による地図が一堂に会していて壮観です。

窓の外を見ると、敷地内の広場に航空機の姿と、大きな丸い盤のようなものが見えます。航空機「くにかぜ」は、空中撮影の用途で１９８３年まで使われていた実機。そして丸みを帯びた盤は「日本列島球体模型１／20万」。高さ３００㎞の宇宙空間から日本列島周辺を眺めた模型です。地面の中から１／20万の地球がちらっと顔を出したような姿から、地球の丸さをわずかながらも体感することができます。

「1/10万日本列島空中散歩マップ」

古地図コーナー。左は江戸時代に活躍した石川流宣の「日本海山潮陸図」。

地図の通史コーナー。右手に見えるのは測量器具。

「日本列島球体模型1/20万」

航空機「くにかぜ」

ずっと見ていたい豪華本、ナショナルアトラス

他にも見どころはたくさんあるのですが、なかでも私の一押しはＡ２判２１８ページからなる大判の地図帳、ナショナルアトラスです。２階の古地図コーナーの一角に置いてあり、何気なくぱらぱらとめくっていたところ、地図表現の多彩さにがつんと衝撃を受けました。

ナショナルアトラスとは、国土の実態、たとえば自然・経済・社会・文化などを２７６項目の主題に分類して地図に表現し、体系的に収録したもの。日本では１９７７年に『日本国勢地図帳』、１９９０年に『新版日本国勢地図』の題名で、国土地理院から刊行されています。

見ていて驚くのは、多種多様な図法が効果的に使われているところ。円・半円・方形・棒記号による図やドット分布図、コロプレス図（統計数値を階級ごとに分類し、色彩や明暗によって表す）など、現在の私たちがむしろ新鮮に感じるような魅力的な図法や色の構成が多々あるのです。

今回、初代の『日本国勢地図帳』の製作に携わっていた方にお話を伺ったところ、ナショナルアトラスは〝先進国の証〟というべき存在だったとのこと。１９７７年の完成まで足かけ６年、延べ３万人以上もの人の手を要した国家プロジェクト。当時の日本トップクラスの技術がここに集まっていたことが伺えます。その後、各省庁に分かれて製作するようになり、一覧性を持つ〝本〟形式のアトラスがつくられたのはこの時と１９９０年の２回限り。こうした大判の地図本の存在自体がレアなものなのです。

また日本と同様に、国力をかけて製作した世界各国のナショナルアトラスにも素晴らしいものが多くあります。科学館で展示されているのは日本のもののみですが、大きな図書館では各国の蔵書があるところも。都内では東京都立中央図書館の３階開架、大型地図本コーナーに取り揃えられています。また国会図書館の地図室にも蔵書があります。

なかでも個人的に好きなのは、１９７３年のブルガリア、１９８９年のハンガリー、１９８９年のＵＳＳＲ（ロシア）など。日本ではおよそ使わないような地図表現もあり、奇抜な配色や、大胆なレイアウトにびっくりすることも。本の装丁や紙も国によってかなり違うので、ぜひ色々と見比べてみては。

開いた状態でA1サイズ。かなりの大きさ。

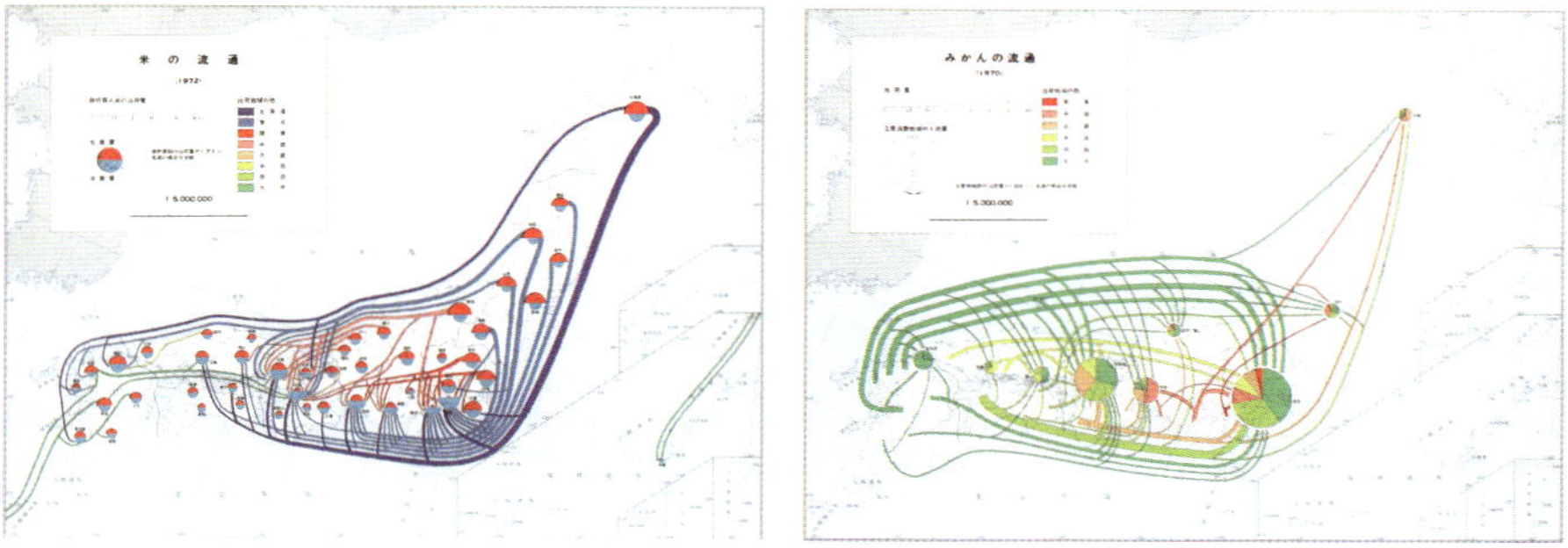

『日本国勢地図帳』『新版日本国勢地図』より抜粋（以下同）。「米／みかんの流通」1972／1977。出荷量を線の太さで、産地を色で表している。

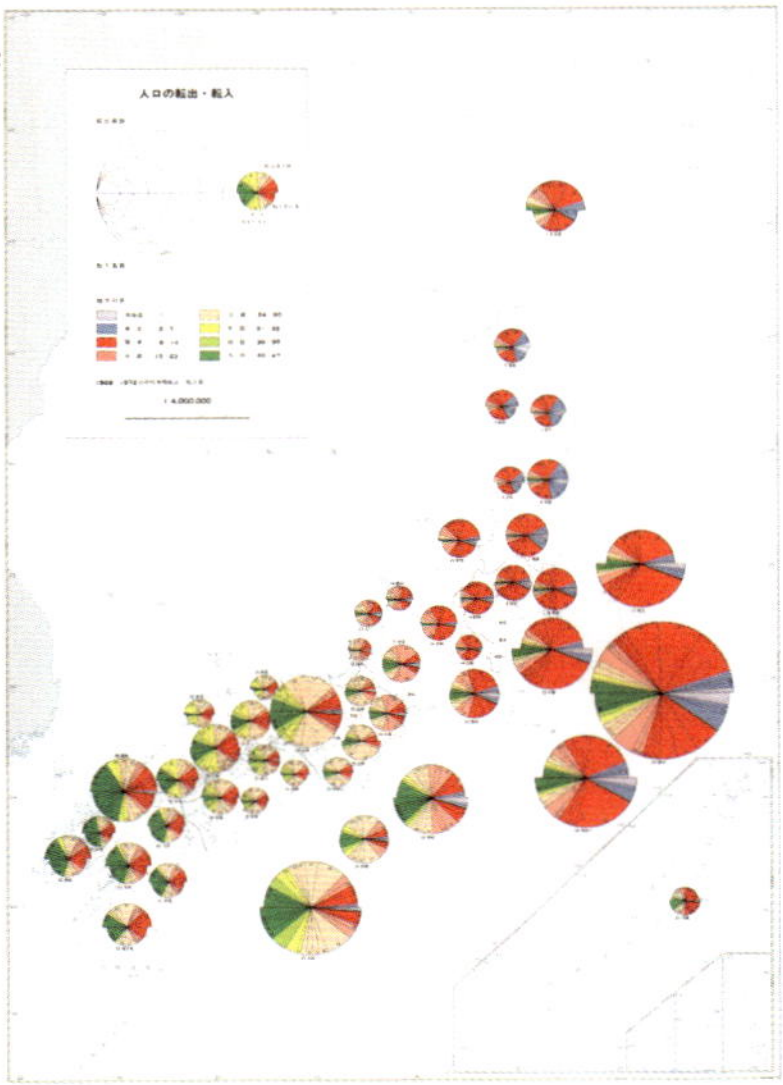

「人口の転出・転入」1972

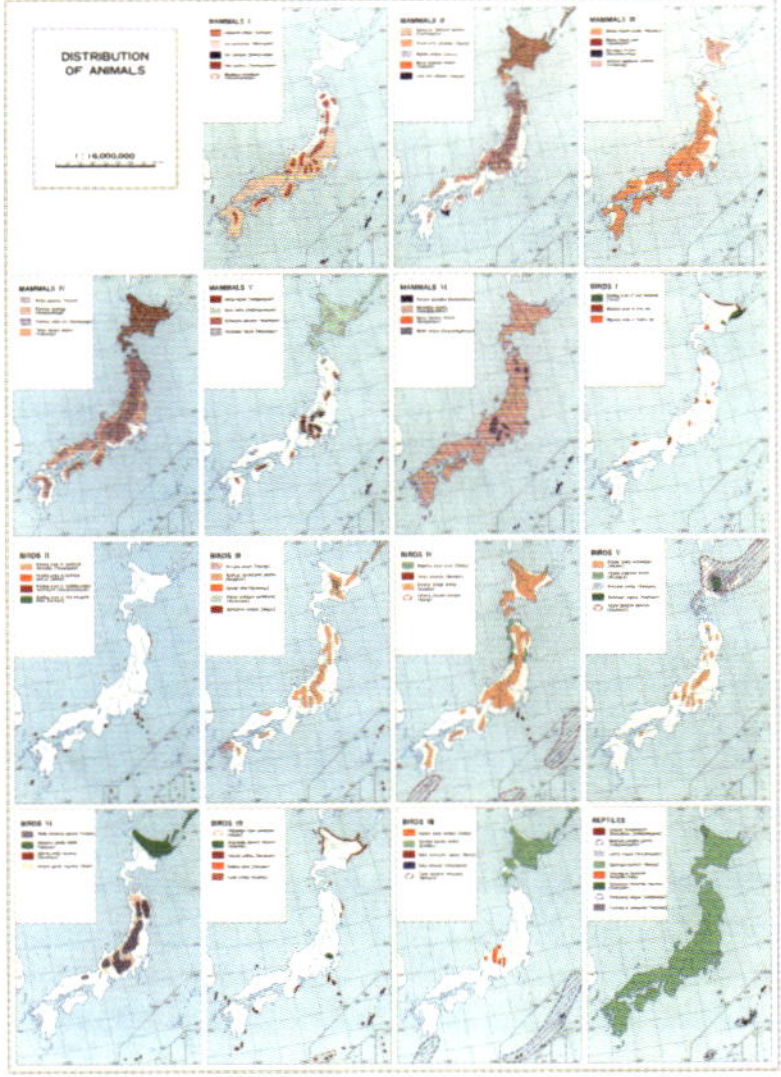

「動物の分布」（英語版）1977。英語版も同時に製作されていた。

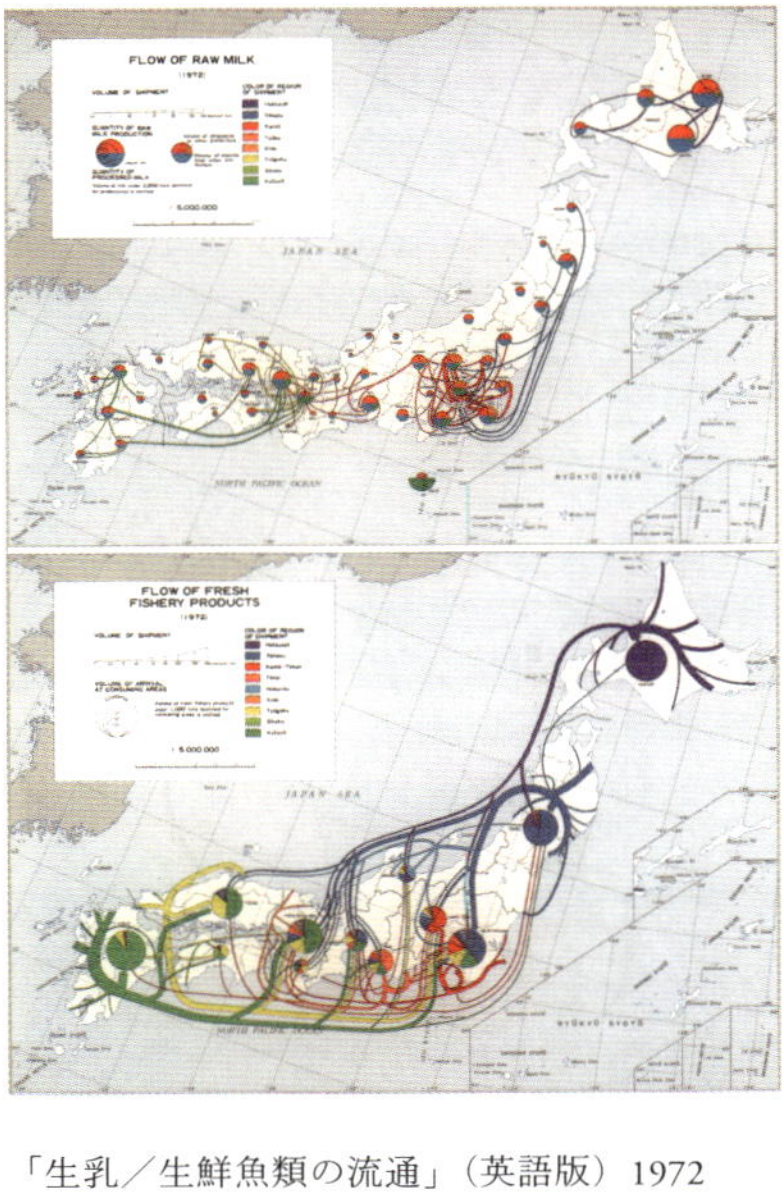

「生乳／生鮮魚類の流通」（英語版）1972

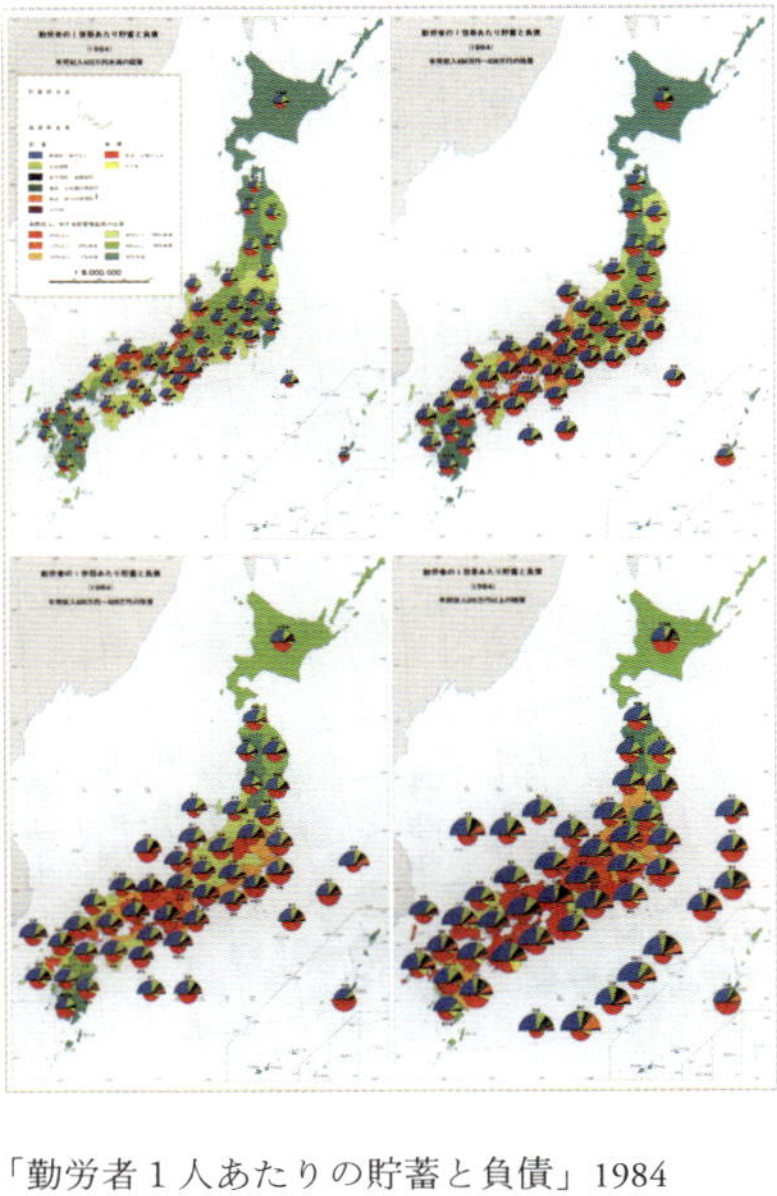

「勤労者１人あたりの貯蓄と負債」1984

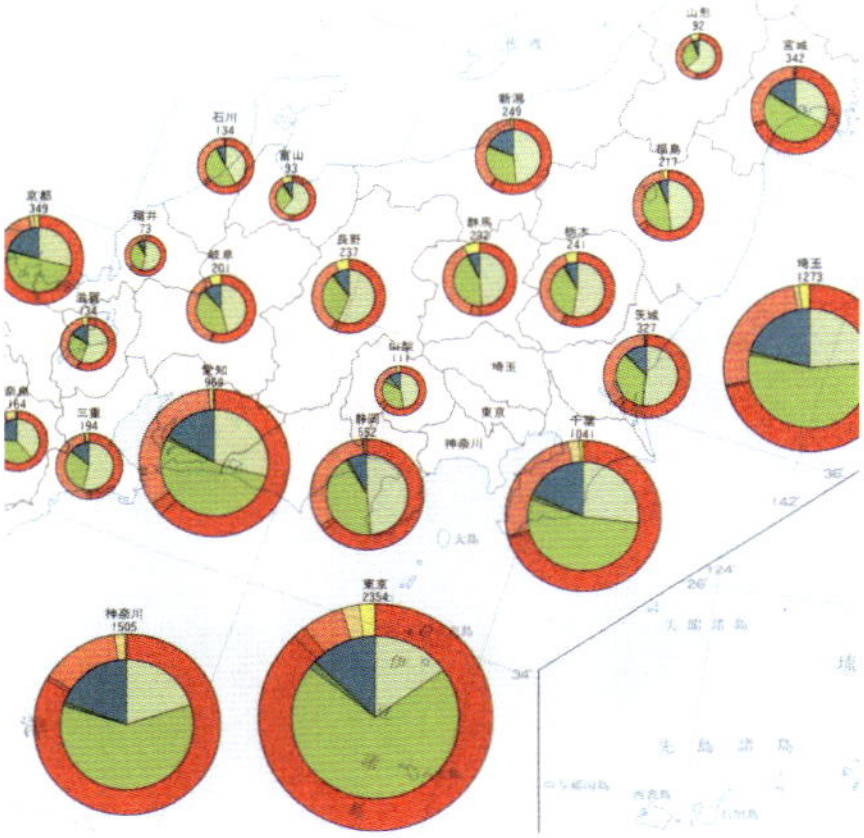

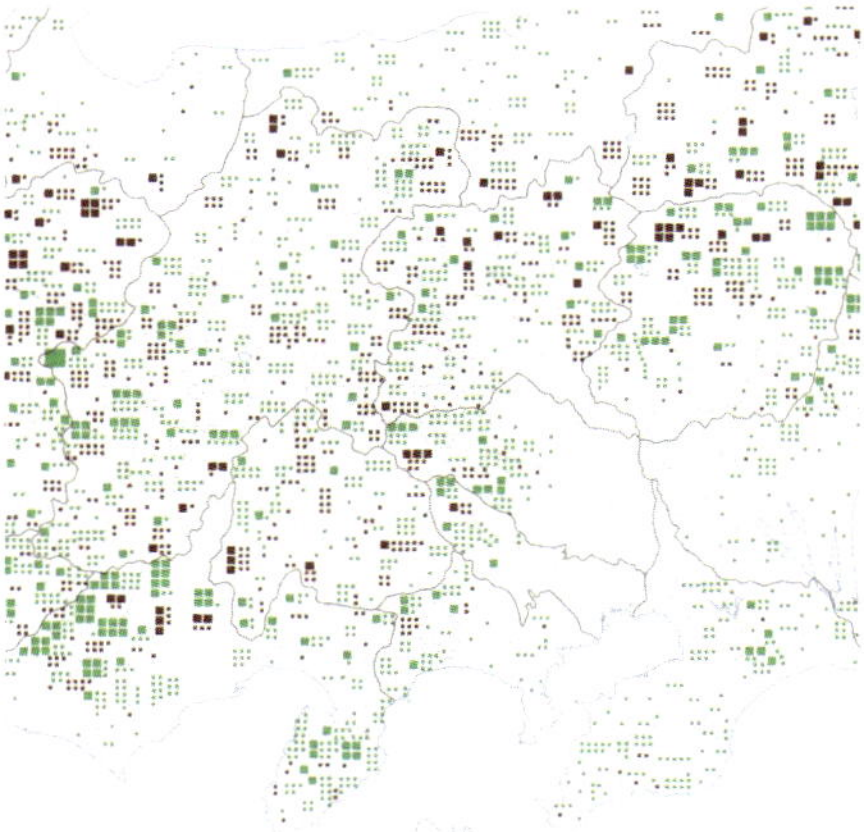

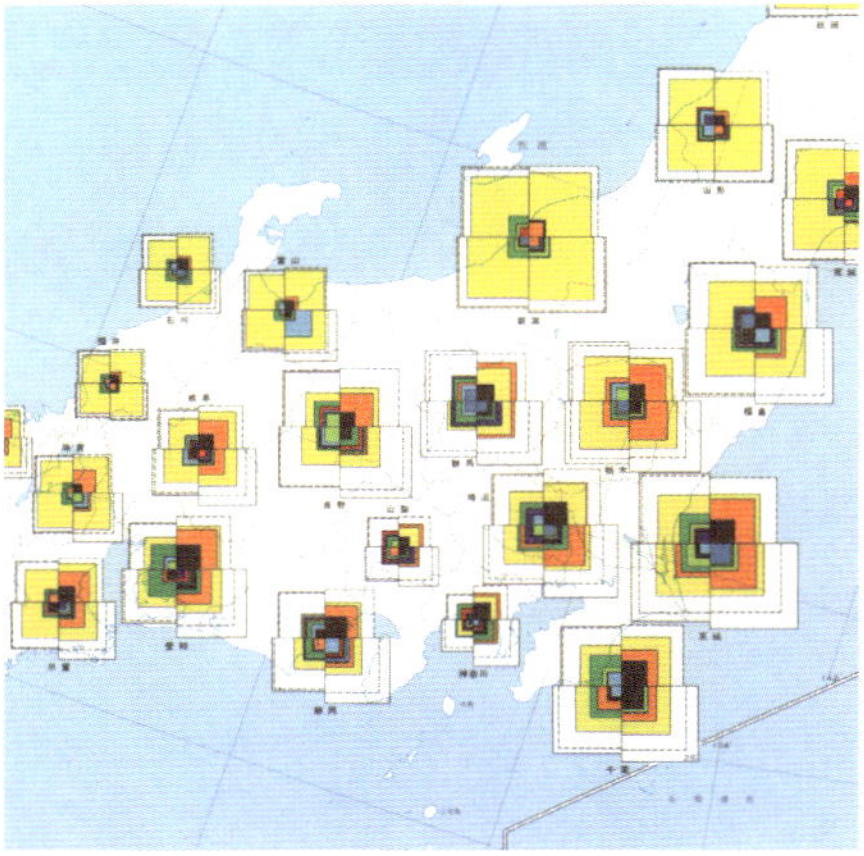

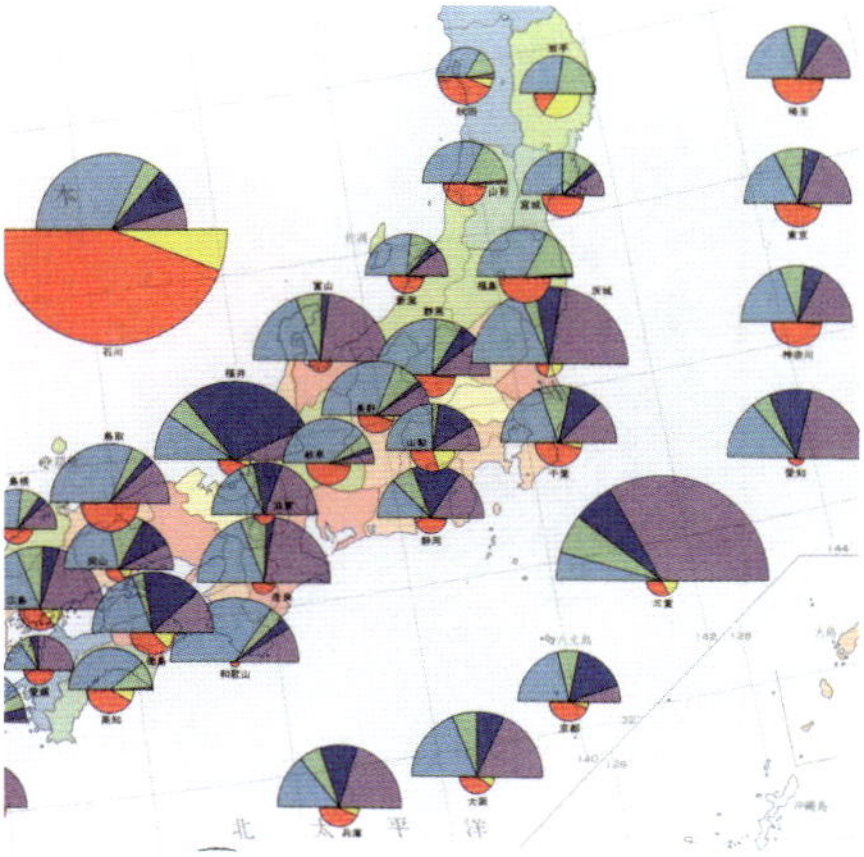

(左上)「住宅の建設戸数」(部分) 1987
(右上)「木材の生産」(部分) 1969
(左下)「稲・麦・野菜などの作付面積の推移」(部分) 1950 ～ 60
(右下)「勤労者の１世帯あたり貯蓄と負債」(部分)　1969

「図化機」操作を体験

もうひとつ紹介したいのは、２階の常設展示室にでんと鎮座する〝図化機〟。レトロな雰囲気に似合わず、平成に入る頃まで地形図作成に使われていた実機です。

先に地形図の作成について簡単に説明を。まず初めに行うのは測量です。航空機の胴床に穴をあけてカメラのレンズを仕込み、空中から連続して撮影。その空中写真を手に、現地をくまなく調査して情報を補完します。

その後に登場するのがこの図化機。２枚の連続する空中写真（60％ずつ被写体が重なるように撮影されたもの）を図化機に備え付けられたレンズで立体視し、建物や道路、地形の隆起など地表面の三次元位置を描画するのがその役割です。図化機で描いた図（＝図化素図）を元に製図して印刷。そこまでが一連の流れとなります。

図化機体験中。必死です。

今回、実際に図化機の操作を体験してみました。調整されたレンズを覗き込むと、空中写真が立体として浮き上がって見えます。次に高さごとに焦点を合わせ、左右のハンドルを同時に回しながら実際に描画していくのですが、これが至難の業。線がよれよれと曲がってしまい、小さな建物の屋根を四角く囲むなんて到底できそうにありません。機械を扱えるようになるまでには、相当な訓練が必要そうです。

現在ではこの図化作業はＰＣに置き換えられていますが、原理は同じ。ＰＣのディスプレイ上で立体視をしながらハンドルやマウスを使ってトレースをしているのです。ここ科学館での体験は担当者が在館時のみ対応可とのことですが、航空写真の立体図像が平面の地図に置き換えられていく過程を目の当たりにできることなんてそうそうありません。機会があればぜひ体験してみることをおすすめします。

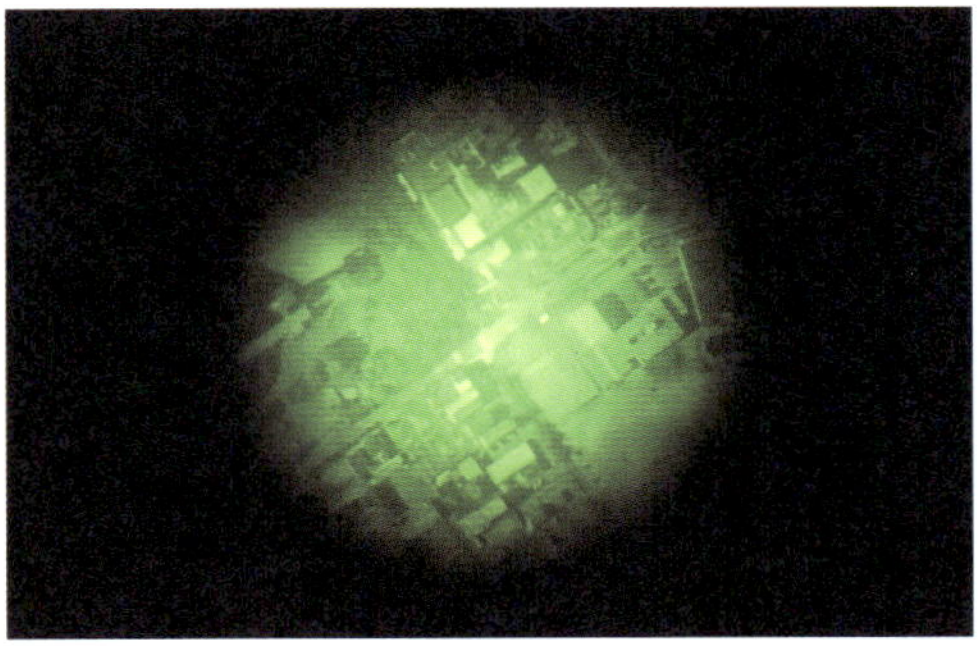

図化機のレンズを覗いたところ。建物が立体状に浮き上がっているのが分かる。

機械の先に取り付けられたペンにハンドルの情報が伝わり、自動的に描写される。

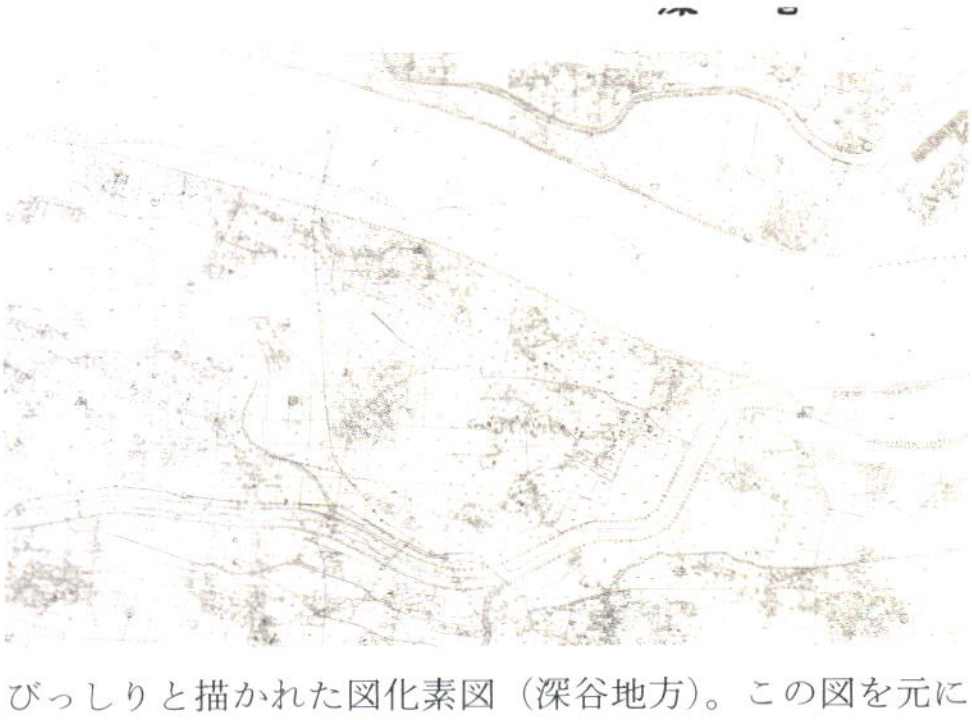

びっしりと描かれた図化素図（深谷地方）。この図を元にスクライブ版をつくる。

製図&印刷の歴史をさかのぼる

ここ科学館の母体である国土地理院は、国の基本となる実測図を作成する機関。現在ではｗｅｂの「地理空間情報ライブラリー（http://geolib.gsi.go.jp/）」にてその内容を公開していますが、平成に入るまで情報の中心となってきたのは紙地図です。この〝紙〟と切り離せないのが製図や印刷の技術。明治2年（1869）に発足した民部省地図掛時代から国土交通省の機関になるに至るまで、時代の技術革新とともに変化を遂げてきました。

明治から戦前までは、製図は〝清絵法〟と呼ばれる手法を採っていました。丸ペンや烏口を使って描いたものを転写し、銅板で凹版印刷をしていたのです。

そして戦後に〝スクライブ法〟へと移行し始めます。その方法とは、スクライブベースと呼ばれる遮光性被膜を塗ったフィルムを、様々な太さの針で削り取って版をつくるというもの。印刷もスクライブ版を直接ネガとして使い、亜鉛版に転写する平版方式へと代替わりしていきます。その特徴は線のシャープさ。また修正もしやすく、制作時間を短縮することができるようになりました。

次の転換期は平成に入る頃。デジタル化の波に乗って全てＰＣ上で製図をするようになり、それまでの方法は採られなくなっていきました。

清絵法やスクライブ法の道具は科学館2階に展示されています。清絵法で描かれた線のやわらかなフォルム、スクライブ法ならではのキリッとした鋭さ。熟練された技術を用いて、手間をかけてつくられた地図はまるで工芸作品のよう。当時の地形図を見比べても違いがよく分かります。

現在の紙地形図もテクノロジーの恩恵を受け、進化を続けています。これまで地形図は墨・藍・茶の3色の特色で構成されていたのですが、２０１３年からは色数をぐんと増やし、7色以上で構成される多色刷りになっています。

これらは地理空間情報ライブラリー内の「地図・空中写真閲覧サービス」でも見られます。機会があったらぜひ新旧の地形図を見比べてみてください。街の移り変わりとともに、技術の変遷までもが複層的に楽しめます。

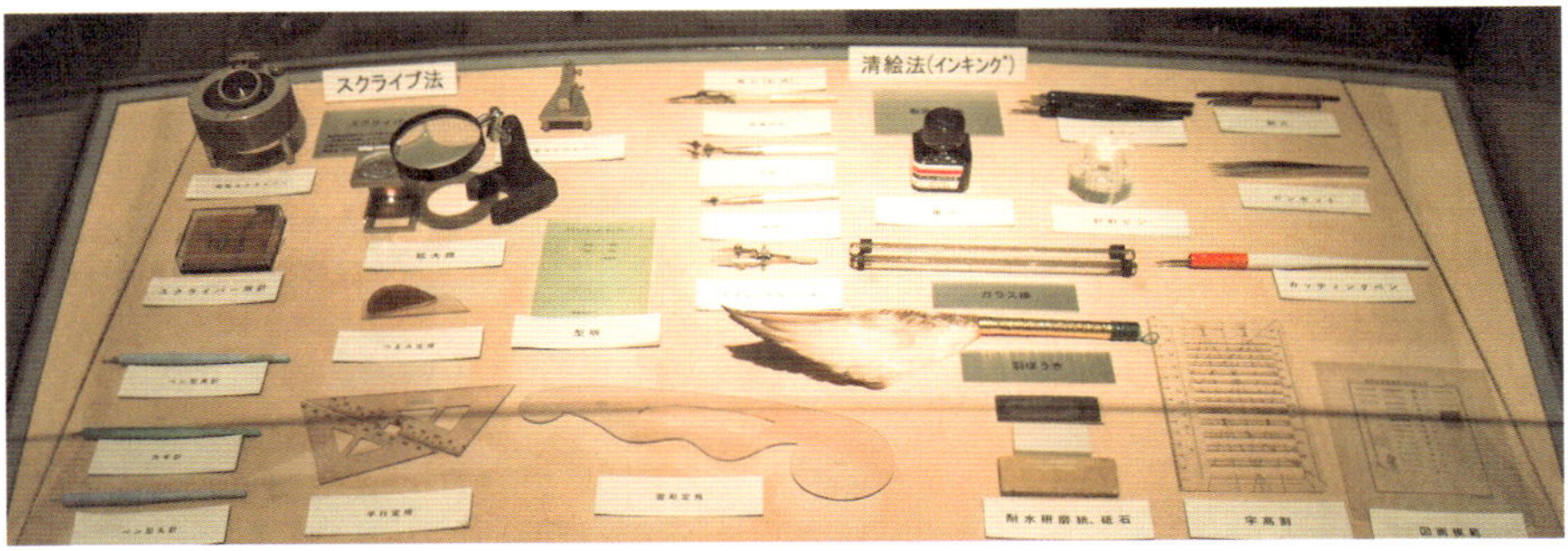

清絵法とスクライブ法の道具。

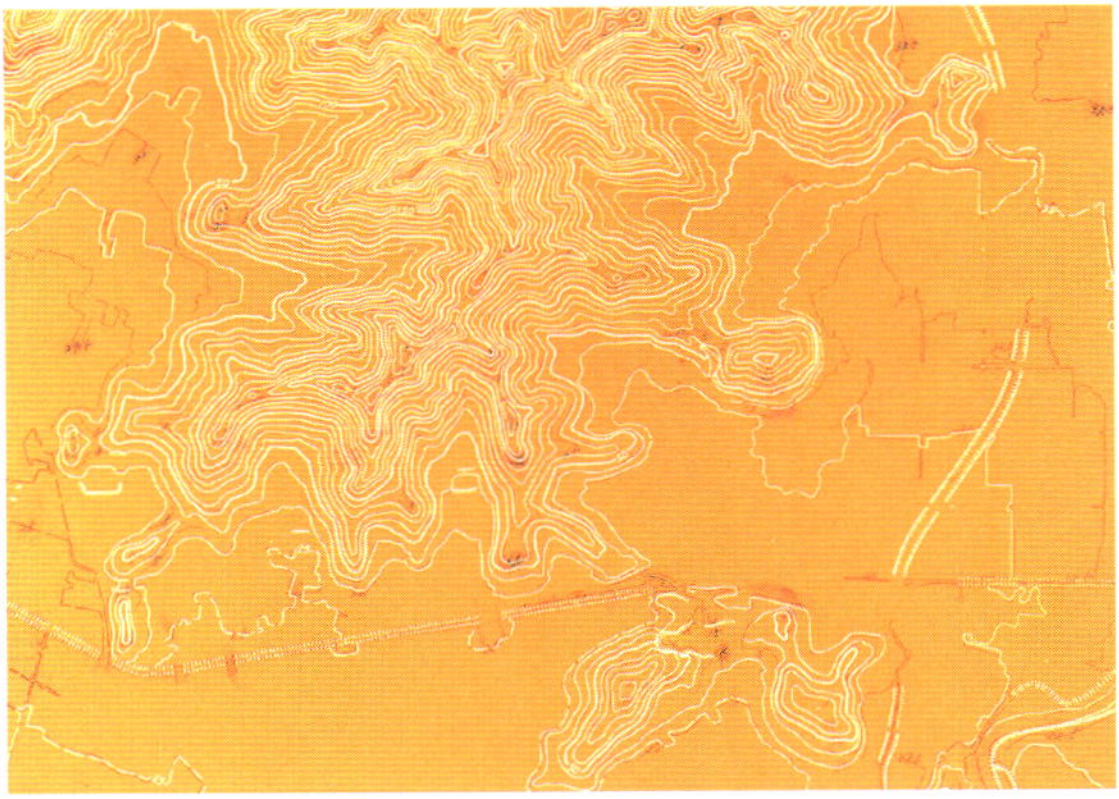

スクライブベース。黄色の遮光性被膜を針で削って版をつくる。

回転スクライバー。器具中央に仕込まれたレンズで拡大された下図を見ながら版を削る道具。

data

地図と測量の科学館

茨城県つくば市北郷1番
☎029-864-1872

part2 — 地質標本館

46億年前へタイムスリップ

続いて向かったのは、国立研究開発法人産業技術総合研究所内にある「地質標本館」です。展示室入口で出迎えるのは、ガラスケースに入れられた人間のこぶしサイズの黒い石。そのあたりに転がっていそうな何の変哲もない石ですが、実は約40億年前の世界最古の岩石であるとの解説が。「え？　億？」と、その途方もなさに面食らったまま、地質年表のトンネルをくぐります。

ここではさらに時を遡り、地球が誕生した46億年前からの歴史が、同じタイムスパンで紹介されています。三葉虫、アンモナイト、と化石の展示が続き、「人間はいつ登場するのだろう」と歩みを進めても一向に出てこない。トンネルの出口まであとちょっというところで、約35万年前にネアンデルタール人がようやく登場。扱う時間のスケールの壮大さにあ然とします。

そして展示室中央にでんと構えるのは、「日本列島の地質模型１／34万」。日本列島周辺の海底までを含んだ地形模型が、地質図特有の華やかなカラーリングで分類されています。大きすぎて一度に見られない！　上から横から斜めから、じっくり覗き込みます。

２階に上がり、鉱物資源の展示室へ。「太平洋海底模型１／６００万」ではスイッチを押すと海溝が光る仕組み。水のない海底の地形を見ることができます。

奥に進み、地震や噴火など地質現象の展示室に入ります。中央にある「富士山と箱根火山の立体地質模型１／１３３００」は、スイッチを押すと手前の土地がずずっと下がっていき、富士山の断面が現れます。逆に回り、箱根山のスイッチを押すとこちらも手前側がずずっと下がり、箱根山の断面が現れる。同じ火山でも成り立ちの違いがよく分かります。いかにも博物館らしい、動く模型にわくわくが止まりません。

地質年表のトンネル。

約40億年前の世界最古の岩石。

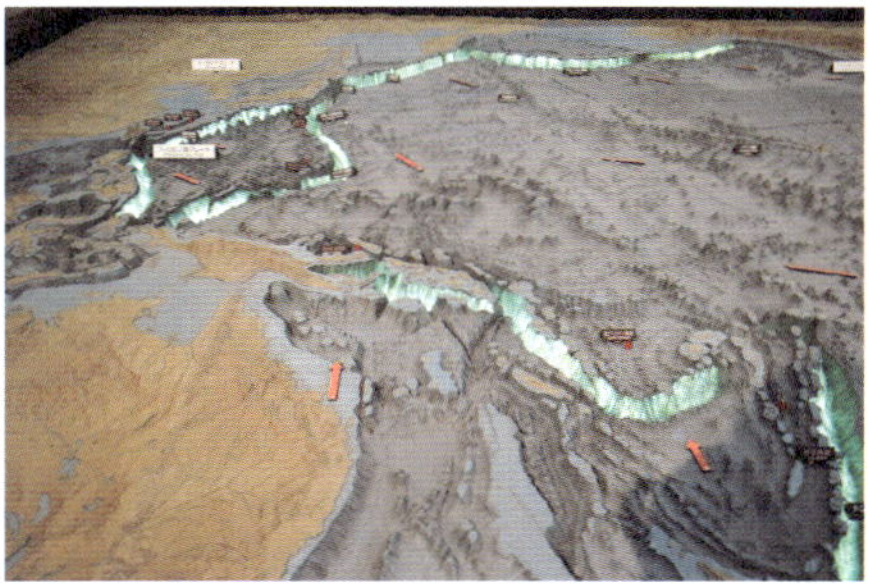

「太平洋海底模型1/600万」

「日本列島の地質模型1/34万」

「箱根山火山模型」。動く模型に興奮し、つい何度もボタンを押したくなりますが「１回だけ押してね」の貼り紙を見て自制。

「富士山火山模型」の断面が出現。富士山は3つの火山が重なってできていることが分かる。

地面の下が〝透けて〟見える

私が地図にのめり込んだきっかけ。本書の冒頭でも触れたように、それは地質図と出会ったことからでした。10年前にここ地質標本館を訪れた時に一目惚れ。必要な情報を有していながらも、華やか且つ繊細な、機能美を持つ地図に釘付けになりました。

その後、機会があるごとに周囲におすすめしていた地質図ですが、見れば見るほど気になるのがその配色でした。どうやって決められているのだろう、と積年の謎を解くべく、今回、地質標本館の隣にある地質調査総合センターにてお話を伺ってきました。

そもそも地質図とは、表土の下にある岩石や地層の種類・分布・相互関係を示したもので、まさに大〝地〟の性〝質〟を表しています。つまり、大地から植物・建物・表土を取り払った時に見えてくるものを表すのですが、プロになるほどに地面の下が〝透けて〟見える感覚ができてくるとのこと。

それは野外調査の難しさから培われたものです。現地では岩石や地層がよく露出しているところを歩いて観察し、採取して持ち帰り研究します。全ての場所を掘ることができるわけではないのに、地質図にはどこにも空白があってはならない。そこで周辺の調査から類推して地質区分を決定するため、高い専門性が必要となるのです。

調査が終了したらようやく地質図原図の作成に入ります。ここで積年の疑問、地質図の配色について伺ったところ、「おおまかな決まりはありますが、あとはそれぞれ製作者が決めています」とのお返事が。たとえば、赤色系は火山やマグマに関係した岩石、黄色系は砂岩、青色系は泥岩など、使うべき系統は決まっているものの、製作者が1枚の図幅のなかで見やすい表現を探して色調整を施すのです。専門家が見れば、誰がつくったかも分かるほど表現の幅があるそう。なるほど1枚ごとに全く違う雰囲気を纏っていた理由もこれでよく分かりました。

1/50000地質図幅「川尻」

1/50000地質図幅「湯沢」

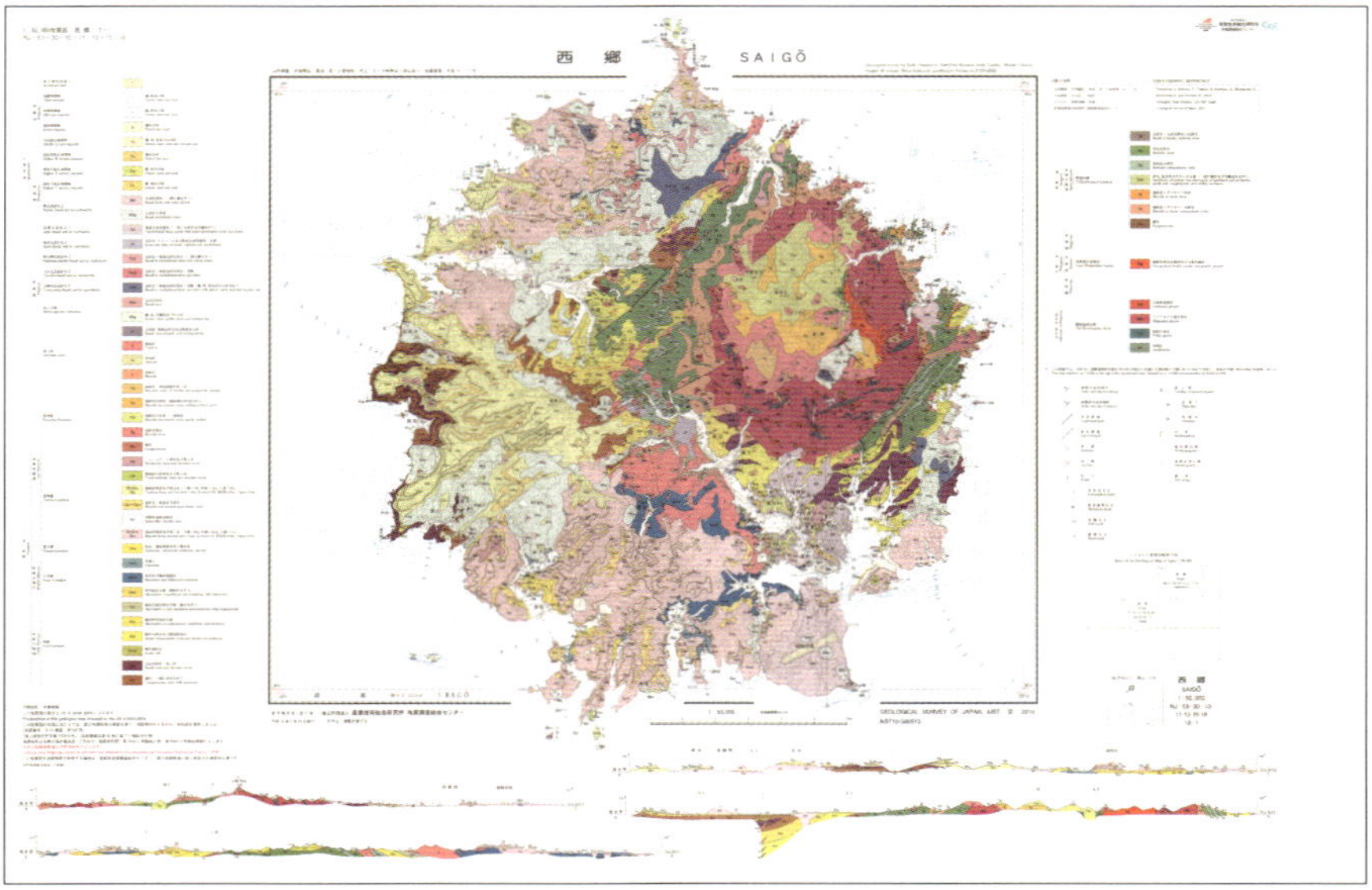

1/50000地質図幅「西郷」

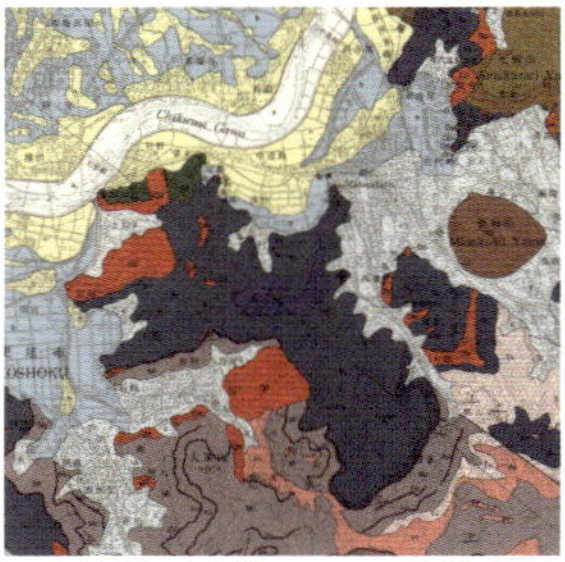

1/50000地質図幅「長野」

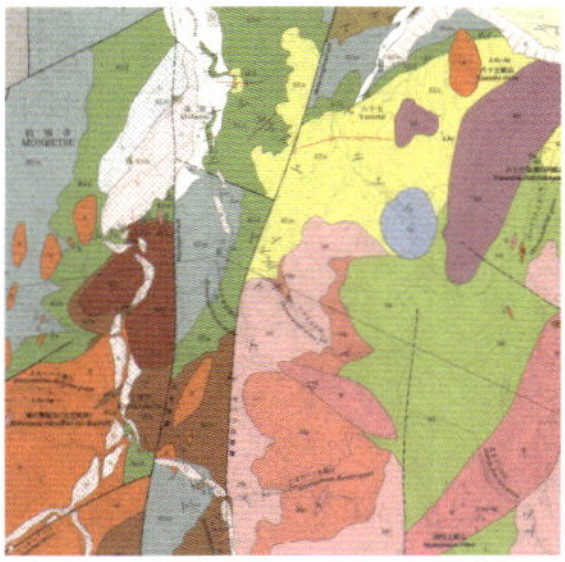

1/50000地質図幅「上渚滑」

1/50000地質図幅「上石見」

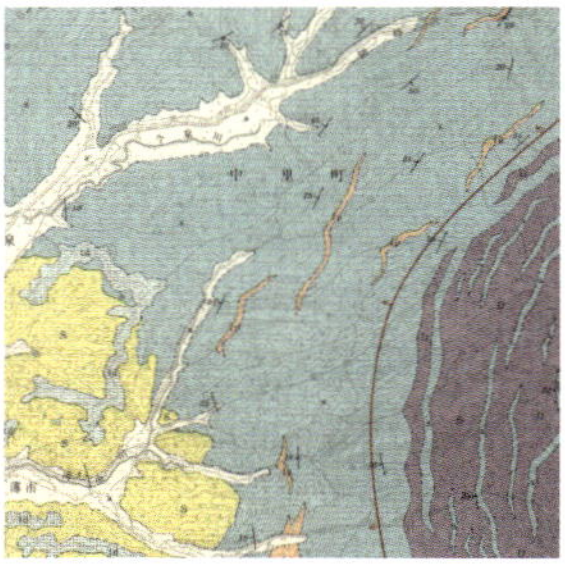

1/50000地質図幅「小泊」

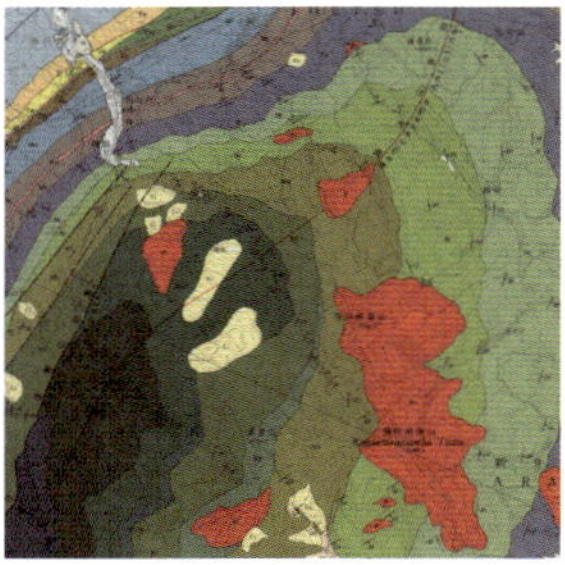

1/50000地質図幅「高田西部」

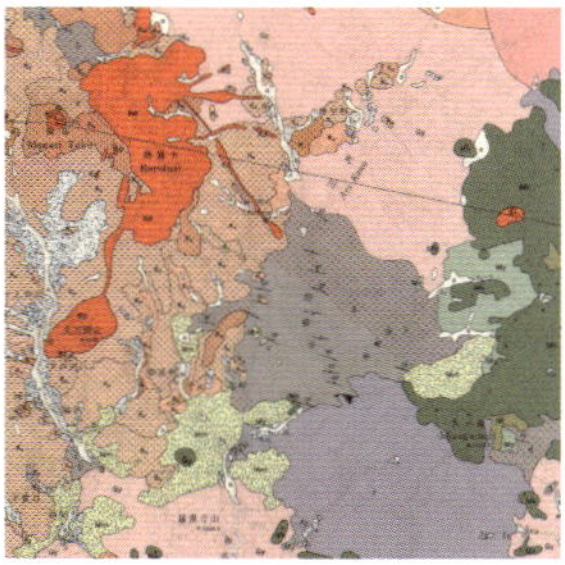

1/50000地質図幅「御岳昇仙峡」

継ぎ目なく、つながる地質図

地質図の歴史を遡ると、地形図と同様に、銅版彫刻を施した凹版印刷の時代から製作が始まります。戦後しばらくして、マスク版を使った平版印刷へ。２０００年頃からはＰＣで製図が行われるようになり現在に至りますが、地質図はその版数の多さが特徴的です。

たとえば２００５年に完成した「砥用」１／５００００の場合、ＣＭＹＫ版に加えて、赤紫（活断層）＋金赤（褶曲）＋茶（等高線）＋水（海・川）＋鼠（地形図など）の9版で構成。線や文字の表現に特色を使用することで、網点の合成からは得られないキリッとした図像が生まれているのです。

また時代の要請に応え、２０１０年からｗｅｂ上で地質図が見られるサービス「１／20万日本シームレス地質図（https://gbank.gsj.jp/seamless/）」が公開されています。全国を統一した凡例で表現していますが、これまで各図幅のなかで調整されていた情報やカラーリングの継ぎ目をなくすべく、定義を大幅に再解釈しています。その結果、誰でも気軽に地質図が見られるようになりました。私も公開されてすぐの頃、中央構造線を端から端までたどってみたり、気になる場所をぐっと拡大したり、シームレスな地質図でしか得られない視点を堪能しました。

２０１３年には「地質図Ｎａｖｉ（https://gbank.gsj.jp/geonavi/）」も公開されます。これは、地質図に活断層図や第四紀火山などの地質情報や他機関の配信データも重ねて表示できるシステム。情報同士を透過させながら重ねることができ、様々な分野に応用できるようになっています。1章で紹介した「川だけ地図」の姉妹版「川だけ地形地図」も、この情報レイヤーのひとつに入っています。

地質調査総合センター内1階には「地質図ライブラリー」があります。ここでは日本初の地質図であるライマンの「日本蝦夷地質要略之図」（レプリカ）も展示されています。また、開架コーナーには各国の地質図がずらっと。ナショナルアトラスと同様に、国による違いを見比べてみるのも面白いです。ぜひ地質標本館見学と一緒に訪れてみてはいかがでしょうか。

展示室1階にある、1954年に製作された1/75000地質図幅「脇町」。左が銅版原板。右が完成版。

2005年に完成した1/50000地質図幅「砥用」。地質図は解説書とセットになって販売されている。

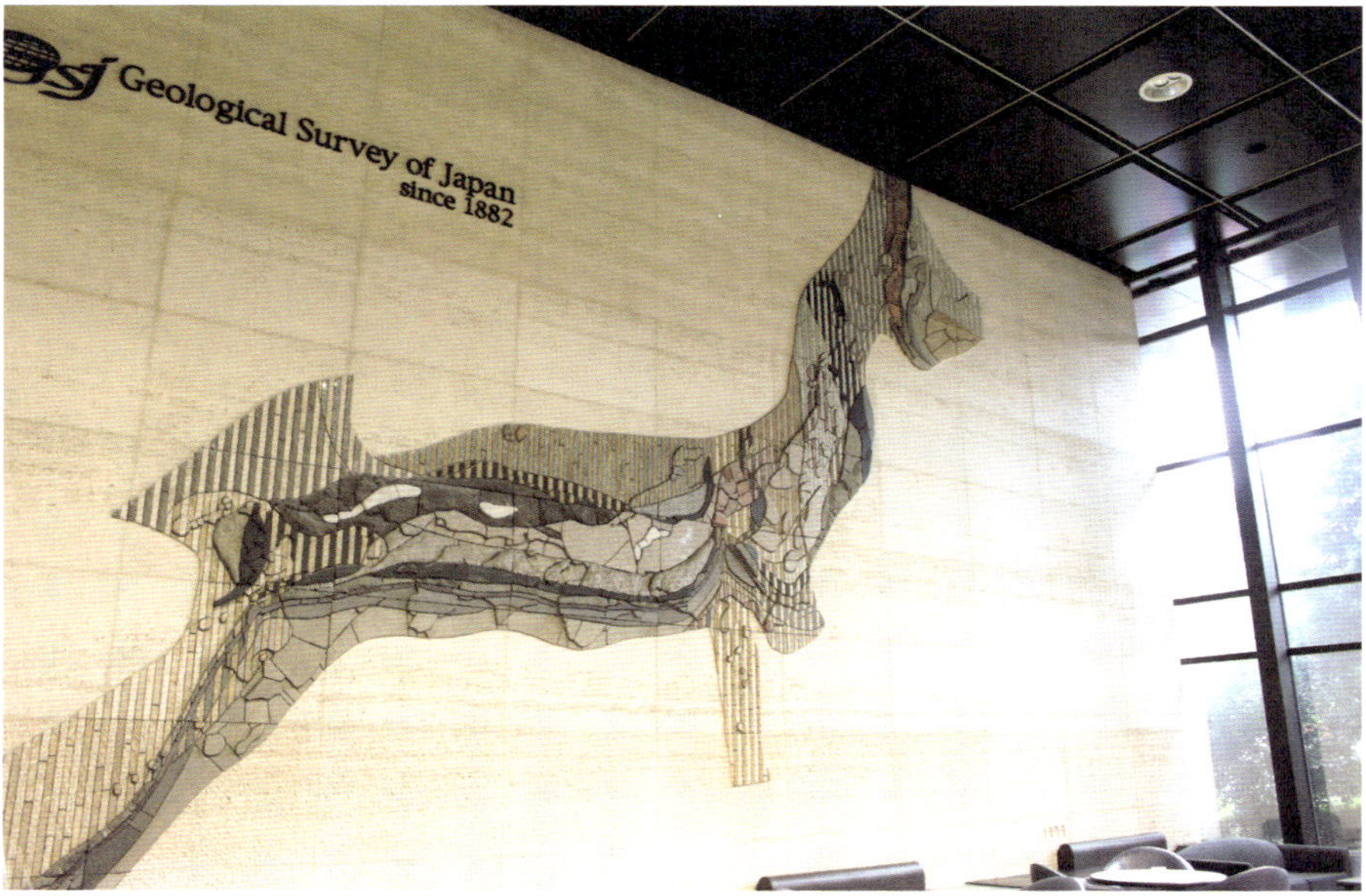

地質調査総合センター本館ロビーにある、実際の岩石でつくられた日本列島地質図。

地質図ライブラリー。各国の地質図がフォルダごとに整理されている。

data

地質標本館

茨城県つくば市東1-1-1
☎029-861-3750

まだまだあります、地図が見られる博物館・資料館

ここまでつくば市にある2つの施設を紹介してきましたが、
全国にはまだまだ地図に関する魅力的な博物館や
資料館などが数多くあります。以下でその一部をご紹介します。

伊能忠敬記念館

千葉県香取市佐原イ1722-1
☎0478-54-1118

日本全国を測量した偉人、伊能忠敬が制作した地図や、実際に使っていた測量器具を見ることができる記念館。佐原の街並みも美しく、小旅行にもおすすめ。

国立歴史民俗博物館

千葉県佐倉市城内町117
☎043-486-0123

一日用意して訪れたい巨大博物館。常設の地図展示コーナーがあり、伊能図はもとより、長久保赤水の「改正地球万国全図」など、名だたる地図が見られます。

埼玉県立 川の博物館

埼玉県大里郡寄居町小園39
☎048-581-7333

圧巻は屋外につくられた荒川の1/1000積層模型。源流の甲武信ヶ岳から東京湾に至るまでの173km全てが模型化されています。これは一見の価値あり。

埼玉県立文書館・地図センター

埼玉県さいたま市浦和区高砂4-3-18
☎048-865-0112

地図に関する企画展や講座をたびたび開催。埼玉県に関する地図を中心に、75000点の所蔵があり、閲覧室で請求すればその一部を見ることもできます。

東京都立中央図書館

東京都港区南麻布5-7-13
☎03-3442-8451

大型地図本のコーナーで、世界各国のナショナルアトラスが見られるほか、江戸や近世の東京の地図を所蔵。webの「TOKYOアーカイブ」でも一部見られます。

国立国会図書館 地図室

東京都千代田区永田町1-10-1
☎03-3506-5293

一枚ものの紙地図の所蔵数はなんと50万枚。地図室開架でも一部見られます。webの「国立国会図書館デジタルコレクション」の地図アーカイブも充実。

海洋情報資料館

東京都江東区青海2-5-18
海上保安庁　青海庁舎1F
☎03-5500-7155

海図の歴史を知るならばここへ。1章で紹介した「Stick Chart」や本章の図化機、また日本で初めてつくられた海図「釜石港」の銅版原板も展示されています。

松浦武四郎記念館

三重県松阪市小野江町383
☎0598-56-6847

1章で紹介した「東西蝦夷山川地理取調図」を描いた、探検家、地誌学者、編集者、作家、収集家など、様々な顔を持つ武四郎の偉業を紹介する記念館。

ゼンリン地図の資料館

福岡県北九州市小倉北区室町1-1-1
リバーウォーク北九州14F
☎093-592-9082

住宅地図で有名なゼンリン本社のある小倉につくられた資料館。webで見られる「ゼンリンバーチャルミュージアム」も解説が分かりやすくおすすめです。

渡辺教具製作所 ミニ博物館

埼玉県草加市稲荷3-20-14
☎048-936-0339（要予約）

地球儀製作の老舗メーカー本社に併設された博物館。多種多様な地球儀とともに、月球儀や火星儀、地球の歴史にまつわる岩石などが展示されています。

神奈川県立生命の星・地球博物館

神奈川県小田原市入生田499
☎0465-21-1515

展示室に入ると巨大な地球儀がお出迎え。46億年前の地球誕生からの通史を楽しく学べる施設。本物の隕石やクレーターを実際に触ることもできます。

神戸市立博物館

兵庫県神戸市中央区京町24
☎078-391-0035

日本有数の貴重な地図コレクションを持つ博物館。日本のみならず海外の地図も数多く所蔵。企画展示として年に数回、様々な所蔵地図が公開されます。

手のなかの地球

まだ幼かった頃、実家の床の間に地球儀が大切そうに飾られていたのをよく覚えています。浮かぶ球に描き込まれた暗号のような文字や不思議な図形。それは幼い私に「秘密にしなくちゃ！」と思わせる魅力的なたたずまいでした。ただその時は、それが自分が立っている地球を表したものだなんてこれっぽっちも想像しませんでした。

なぜなら当時の私は、〝世界〟は自分の周囲にしか存在しないと思っていたからです。自宅から幼稚園への通園路までがその範囲で、私が遠出をする時にだけ新たに〝世界〟が出現する。そして去った後は、砂でつくられた街のようにさらさらと消えてなくなるイメージを思い描いていました。そんな私にとって、〝世界〟が丸いだなんて理解の範疇にはまったくなかったのです。

そもそも地球が丸いのか、それとも平面なのか。それだけではなく「四角い大地が箱に入れられている」とか、「平たく丸い大地を巨大な樹が一本貫いている」という説もあったりなど、過去を遡ると人々が自分たちの住む大地について様々な想像を繰り広げていたことが分かってきます。

紀元前4世紀頃、すでに地動説は古代ギリシャの科学者たちによって立証されつつあり、地球儀も存在していたのではないかと言われています。けれどもその後キリスト教支配の時代が続き、「地球は動いている」とつぶやこうものなら裁判にかけられ、処刑された科学者もいたほど。ようやく地動説が受け入れられたのは、なんと１５００年頃のことでした。

マルティン・ベハイムが制作した現存する世

Reproduction of Print Showing Cosmic Ash Tree ／ 1915-1925 ／アメリカ議会図書館蔵　北欧神話に登場する「ユグドラシル」と呼ばれる架空の木を中心とした世界のかたちが描かれている。平たく丸い大地はヘビがたくさんいる海に囲まれている。

The Universe after Cosmas , [A.D.] 550. ／ 1860 ／アメリカ議会図書館蔵
6世紀のエジプトの地理学者、コスマスの宇宙観を表す絵画。長方形の大地が四角い箱に入っている。箱は世界を表し、その外は“無”と定義されていた。

界最古の地球儀もこの頃のもの。日本では江戸時代前期に渋川春海が制作した地球儀が現存最古で、国立科学博物館で実物を見ることができます。私も見学に出かけ、「当時の人々はこの球体を初めて見た時、どう思ったのだろう」と地球儀を眺めながら考えていました。

　地球儀がつくられるようになって以降、私たちが生きている世界の領域はすみずみまで測量されるようになりました。今は地球儀や地図によっていつでも正確なかたちを知ることができ、その存在を疑うこともありません。けれども実際のところ、世界の全てを見ることなんてできなくて、机上の知識でしかないのです。

　家に帰って地球儀を手に持ち、ミジンコにも満たないサイズの自分を想像で置いてみるも、うーん、どうにも実感が湧きません。大人になった私にとっても、やはり世界はまだ〝砂の街〟のように、どこかリアリティがないままなのです。

マルティン・ベハイム作の地球儀。地図と測量の科学館にレプリカが展示されている。

渋川春海作「紙張子製地球儀」。陸地は赤・白・緑・灰色など様々な色で塗り分けられていて華やか。写真提供：国立科学博物館。

data

国立科学博物館

東京都台東区上野公園 7-20
☎03-5777-8600

物語に登場する地図

自分が見知っている範囲の世界と、見たことはないけれど存在する世界。私たちの時代ではその両方を了解していることが前提で社会が形成されています。ただそれは近代以降のこと。日本の場合、世界地図が伝わったのは江戸初期頃、民間に広まったのはさらにもう少し後の中期から末期にかけてのことです。

初めて世界地図を見た時、人々はどう思ったのか？　考えるだけでなんだか自分までそわそわしてきますが、当時の驚きを描いた小説があります。太宰治初期の作品『地図』で、あらすじは次のようなものです。

江戸初期、首里の王が石垣島を5年かけて征服したことを祝う宴の席で、蘭人が世界地図を献上した。その地図には手中に収めた石垣島どころか沖縄の姿も小さすぎて描かれていなかった。そのことに驚愕し、激昂した王は蘭人の首を刀で跳ね飛ばし、暴政の限りを尽くしたのちに行方不明になった……。

自分が命をかけて手に入れた大きな宝が、世界地図に存在しないほんのちっぽけなものであったとは。それまで眺める空すら征服できると思うほど全能感にあふれていた王が、世界地図の登場により一瞬にして奈落の底に突き落とされます。手に入れた島の小ささと、世界の大きさとの圧倒的なスケールの対比が、作家の巧みな情景描写によって浮き彫りになります。

明治期のヨーロッパの最新動向を取り入れて、自ら地図を制作し、その後に物語にも登場させたのが森鷗外です。１９０９年に刊行された「東京方眼図」は、鷗外の立案によるもの。ドイツに医学留学した際に、方眼が縦横に引かれたガイドマップの存在を知り、帰国してそのアイデアを取り入れたのではないかと推測されています。索引の冊子も付いていて、地名から場所が、場所から地名がすぐ分かるようになっている。現在ではよくありますが、これは当時の日本では誰も見たことがない革新的なものだったそうです。

そして翌年書いた小説『青年』のなかで、主人公の小泉純一はこの「東京方眼図」を持って街を歩いています。文筆家を目指す主人公の日々の葛藤を描いた物語ですが、実在する街が登場し、歩いたり電車に乗ったりなどの描写も多く、散策記的な側面もある作品です。現実と虚構が入り交じる、その交点にある存在が地図なのです。

私も『青年』を読み、「東京方眼図」を片手に千駄木の街を歩いてみました。すると次第に、現代の東京・現実の明治東京・小説のなかの明治東京、その3つの世界の境界が曖昧になっていく。途中すれ違った着物の女性が、一瞬、小説に登場するお雪さんのように見え、鷗外の物語のなかにすっかり迷いこんでいたことにはっと気付かされるのです。

『地図―初期作品集―』太宰治著（新潮文庫）。表紙イラストがまさに蘭人の首を切り落としたところ。

「東京方眼図」森林太郎（鷗外）立案／春陽堂発行　文京区立森鷗外記念館蔵
森鷗外記念館にて復刻版が販売されている。

巻末ガイド　おすすめ・地図の本

ここでは私がこれまで読んだ地図に関する本のなかでも、
特におすすめしたい10冊をご紹介します。
もっと地図の奥深い世界に触れたくなったら、
このなかでピンときた本をぜひ手に取ってご覧ください。

『かたち誕生 ――図像のコスモロジー』

杉浦康平著
日本放送出版協会　1997年

犬の嗅覚から世界を把握する「犬地図」を初めて見た時の衝撃は未だに忘れられません。この本では「犬地図」の他に「時間地図」や「味覚地図」など、著者が手がけた独創的な地図作品の制作経緯について詳しく触れられています。デザイナーである著者の世界観、ひいては宇宙観が語られた一冊。

『増補 地図の想像力』

若林幹夫著
河出書房新社　2009年

社会学者として活躍する著者が、地図の概念を読み解く一冊。各時代・各場所における地図をとりまく社会構造や空間認識について論じた、その深く鋭い考察には何度読んでも新しい発見があります。「どうして自分は地図が気になるのか？」と考えた時に手に取りたい、思考の標となる書。

『インフォグラフィックス ―― 情報をデザインする視点と表現』

木村博之著
誠文堂新光社　2010年

インフォグラフィックスの概念から実作例の紹介まで、第一人者のデザイナーによる実践的解説書。自身の例をひもとき、最終案に至るまでの思考を詳らかにすることによって、読者もその過程を追体験することができるようになっています。地図をつくりたいと思った時に、まず手にしたい本です。

『ランドスケール・ブック ―― 地上へのまなざし』

石川初著
LIXIL出版　2012年

ランドスケープアーキテクトとして活躍し、地理学や移動社会学を研究する著者が、都市を「地形・地図・時間・境界・庭」の５つのキーワードで読み解きます。フィールドワークや１章で紹介した「GPSカリグラフィ」のような実践から生まれた、かつてない切り口の考察に目からウロコが落ちる書。

『天動説の絵本
―― てんがうごいていたころのはなし』

安野光雅著
福音館書店　1979年

天動説から地動説へと移り変わっていく時代の物語が描かれた美しい絵本。あとがきの「地球が丸いことを前もって知ってしまった子ども達に、いま一度地動説の驚きと悲しみを感じてもらいたい」との著者の言葉が響く。徐々に丸みを帯びていく地平線の描写も見事で、未知の時代への想像が膨らみます。

『地球のかたちを哲学する』

ギヨーム・デュプラ文・絵、博多かおる訳
西村書店　2010年

「ヘビの上に平らな大地が乗っている」とか「北極と南極に穴が開いている」など、過去に信じられてきた地球のかたちにまつわる神話や言い伝えを、謎とき方式で解説した仕掛け絵本。人間が持つ果てしない想像力に驚くうちに、自分が立っている足元への興味がふつふつと湧いてきます。

『ちづかマップ』全3巻

衿沢世依子著
小学館　2012-2015年

地図好きの女子高生“ちづか”が、古地図を片手に街を散策する漫画シリーズ。主人公の無垢なる好奇心が、地図の面白さや街を歩く楽しみを改めて思い出させてくれます。こんなに出かけたくなる漫画ってそうそうない。実写が目に浮かぶ、是非ともドラマ化してほしい漫画です。

『Powers of Ten
―― 宇宙・人間・素粒子をめぐる大きさの旅』

フィリップ・モリソン、フィリス・モリソン、
チャールズおよびレイ・イームズ事務所：共編著
村上陽一郎、村上公子訳
日経サイエンス社　1983年

公園でうたた寝をする男性の手を“媒介”に、銀河系を超えた宇宙空間から体内にある極小の素粒子までを、1/10ずつスケールを変えた42枚の画像で紹介しています。なにげない日常をマクロ・ミクロの世界と接続させることで、壮大なる空間スケールの概念を感覚的にすっと理解させてくれる驚嘆の一冊。

『A Map of the World:
According to Illustrators & Storytellers』

Antonis Antoniou、R. Klanten、
S. Ehmann、H. Hellige 編
Gestalten Verlag　2013年

現在活躍する世界各国のイラストレーターやデザイナー、カルトグラファーによる、選りすぐりの地図を集めた大判のビジュアルブック。総勢89名、計215作品からなる地図作品を収録。クオリティの高さはもちろんのこと、作者の情熱が紙面に溢れかえるような地図のオンパレードに惹きつけられてやみません。

『From Here to There :
A Curious Collection from the Hand Drawn Map Association』

Kris Harzinski著
Princeton Architectural Press　2010年

アメリカ人アーティストである著者が集めた手描き地図を140例紹介する本。描かれた図や文字も目を引きますが、紙の余白に残された落書きやシミなど描いた人の背景にまで想像が及び、見飽きることがありません。著者のwebサイトで他の手描き地図例も見ることができます。
http://www.handmaps.org/

あとがき

ある時、「地図」を意味する中世のラテン語「mappa」が、元々は布地を指す言葉であると知り、「ああ！」と腑に落ちたことがありました。それは地図が布に描かれていた時代に名付けられたのが由来かと思いますが、私はそこに勝手な符号を見出していました。それは自分が20代の頃に、テキスタイル制作をしていたことです。

その頃の私は、幅２ｍほどの大きな織機を使って、毎日布を織っていました。織機に縦糸を張り、シャトルで横糸を１本ずつ通していく。10㎝ほど織り進めるのに、ゆうに１日。縦糸は一度張ってしまえば変更はままならず、横糸でしか変化を加えられません。そうして小さな面をじっと見つめながら、いつも自分にとって心地よい平面構成を求めていました。

やがて、そうした平面構成を無意識のうちにあらゆるところでするようになります。そう、カメラのシャッターを切るように、任意の一部を四角く切り取る癖のようなものができていたのです。

たとえば、電信柱と電線の位置関係に。机に置いたペンと定規の配置に。そしてコラム４で紹介した壁にも。およそ個人的な嗜好ではありますが、それがぴたっとはまった時の快感たるや。なかでも多くの喜びをもたらしてくれたのが地図でした。１章の冒頭で触れた、私が地図に絵画を見てしまう癖も、ここから生まれたのだと振り返ってみて思います。

そもそも地図自体が平面である限り、必ずどこかの一部でしかなく、全体には成り得ない。地図を見る時に感じる上下左右への広がりもどこか布に似ているようで、その符号も腑に落ちた理由のひとつにありました。

きっかけはそうした個人的嗜好でしたが、その後ここまで熱中してしまったのは、地図が持つ魅力の多様さゆえであったように思います。その魅力の一端をこうして本としてかたちにすることができたのは、これまで多くの皆さまにご協力をいただけたからにほかなりません。図版をご提供くださった方々、取材を受けてくださった方々、そして数々のご指南をくださった方々に、この場を借りてお礼を申し上げます。ありがとうございました。

２０１６年７月　杉浦貴美子

杉浦貴美子（すぎうら・きみこ）

1974年、愛知県生まれ。武蔵野美術大学大学院修士課程中退。ライター／地図制作。地図に惹かれて以降、その魅力を伝えるべく、地図や地形にまつわる制作や執筆を続けている。写真家としても活動。著書に写真集『壁の本』（洋泉社）。www.heuit.com

装丁＝川名潤（prigraphics）

地図趣味。

2016年8月10日 初版発行

著者 杉浦貴美子 ©2016

発行者 江澤隆志

発行所 株式会社 洋泉社
〒101－0062
東京都千代田区神田駿河台2－2
電話番号 03－5259－0251（代）
郵便振替 00190－2－142410 ㈱洋泉社

印刷・製本 日経印刷株式会社

ISBN978-4-8003-0961-7 Printed in Japan

http://www.yosensha.co.jp/